Puzzle #1
MEDIUM

		6	1			9	7	
1		2						
	4	3	2	8		5		6
		4		1	3			
	9			5			2	
6				7			5	8
			7		1	6	3	5
			6			8		
7	6							1

Puzzle #2
MEDIUM

6		4					5	7	
8	1		5					4
	5					1		6
3		1				7		9
	7			8		6		
	8		3		6		2	
				4				
1		6			8	9		5
		5	9		3			

Puzzle #3

MEDIUM

		4		2	1		5	
3	5							
		7		9	5			1
4	8		7	5		3	1	
2	7				6			8
1		5						
		9	1	4			2	
6				5				7
	4				8			5

Puzzle #4
MEDIUM

1		4	3	9	2			
	5				4	8		3
3	7						4	
9							5	
				9			1	8
8		3	4	5	7			9
	2			4			3	
			5		6	2	8	7
		8	7				6	

Puzzle #5
MEDIUM

7			2	8			3	4
	1			3	9			8
		3	5	6				
1					3	5		
	9		4			7	2	
	3	2		5				9
5							7	
						3		5
	2	7	8	4	5			

Puzzle #6
MEDIUM

				5	2	3		
	9				7	1	4	
				8				2
5	3			9			2	
	8	9	2					
		2			6			8
8	5			7				
		6	8	4	1		7	
7				2	9			4

Puzzle #7
MEDIUM

			9					
4		6	7		8	1		
7	3	5				9	8	6
5				7	9			8
		4	2	1		6		
		9		8	3	7		
				6		8		1
2								5
			5		1		9	

Puzzle #8
MEDIUM

1			4	9			6	2
	6					3		
	5	3	6	7	2		4	
2	9		7				3	
6				5	8			
	3		9			1		6
		4			9	6		8
		6						
3		9			6		7	

Puzzle #9
MEDIUM

		1		4			6	
9			5	1		8		
8	2				6		9	
					4		5	3
4	9	6				2		
1								
		2	1	9		6		7
		5						9
	1			8	7	3		

Puzzle #10
MEDIUM

		9			7		4	
2		4	9		3			
					5	6		9
	9	2						8
		3				2		
	4	7	2	5	8	1	9	
		6		1		4		
4						7		
7				8			1	2

Puzzle #11

MEDIUM

		2	7			5	3	
4	7			5	2		6	8
		5						1
9	2				8	1	5	
	8		9	7			2	3
	5	7			3			
	1	9		6	4			
								5
			2			4	9	

Puzzle #12
MEDIUM

			8	3			5	
2	5			9				3
6		8	5	2	4			
9	8				5	7		6
					7		2	
	1						9	5
		7	4				1	
4	2	3				5		7
				7		6		2

Puzzle #13

MEDIUM

					6	5	7	
6			2	7		4	8	
		7		4				
7				5		2	3	
2	3					6	5	
		5	7		9		2	4
4		8		2	3	1		
3	1		6		4			
		6		8		2		

Puzzle #14
MEDIUM

		1	3				8	
	4					2	7	9
9								
		3	9		2			6
6		2	4	1	3	5		
			8		6			
		7	6		9		1	
1	9		5		7	8	2	
8	5	4						

Puzzle #15

MEDIUM

			1				4	3
			5	7			6	8
8	6				3			2
	8			5	4		7	1
	5		8					
2		7	6					4
		9	2	3	5		1	6
			7			4		5
					1	3		7

Puzzle #16

MEDIUM

	6		4	2				
5					1		8	
					6		3	7
	8			9			2	
9	7		2	1		4		
1		3					7	
			3		2			
2	5	8	1		4		9	
			5	7	9			

Puzzle #17

MEDIUM

	6							9
	2	5		1		8		
4	1			6		5		3
	3		9	2			7	
		8		7		3	1	
	7			4	3			5
2		4		8	5	6	3	
							9	
				9	1		5	4

Puzzle #18
MEDIUM

	1			6	9		4	
7	8	6						
2		8	1		6			
	4						8	6
		3			8		5	
4		9	6					2
8	6			3	1	9	7	
	5				4	6		

Puzzle #19

MEDIUM

	1			7	8			
	7	5	4					
3			6					
				6	3			9
	3	6	9	5	1	2	8	
8	5					3		
	4	7		9				
			5					1
1		2	3	8	4	7		

Puzzle #20
MEDIUM

	2	6		7	4		9	8
5		8		9			1	
7				6	1		4	5
	7	2		3			8	
	8		4	1	5			6
3		5				9		
	6						5	
	9		7	5				

Puzzle #21
MEDIUM

	5	7					6	1		
	2					3	5	
1		8		7	3			6
			7		5	9		
7	1		4					2
8				1				
	7	2		5	1			9
6				2			4	8
		9	3			7		

Puzzle #22
MEDIUM

3		6			7			4
2	7		4	5		6		
		4			2	9		
			5			8		1
			9			7		6
			7	3			9	
	5	2				3		7
		9				1	4	5
1						2		9

Puzzle #23

MEDIUM

	3		5		4	1	8	
	1						5	
5		8				3		6
2			3		7		1	
	5		4	8			6	3
				1				
9	2	5		4				
3		7	1		8			2
8			9			5	7	

Puzzle #24
MEDIUM

		4		2		3		
3	6							4
5		1	4	3	9		8	
	1				2	9	6	7
		9	7	8		1		
		7					3	
				7		5		
4		3	1	5			2	
		2		9			7	

Puzzle #25
MEDIUM

	9				4		5	
6		8		1		4		
2				6	7			
8		5	6	9			1	
					5	8		
7	1			4			9	6
	2						4	9
9				5		2		
			2	3		7		

Puzzle #26
MEDIUM

		7			2			8
			3	9		1		
					8	3	7	
	4				5			
	2	9	6	1			4	
1	7			8	9	2		
7	9			5				
	5	6			1	8	2	
3	1	8					5	

Puzzle #27
MEDIUM

2					4	6		
	7						4	9
		4		2			3	1
		9		6		1		2
6	4	5	2		3			
			9	7		4		
4	5		3			9	7	
3		2	7	4				
8					9			

Puzzle #28
MEDIUM

2	6	9	3	5			4	8
	1	7			4			
							9	7
5		6						
	4				2	9	6	
		1	8	6			7	
6			1		3			
7				9		3		
1	3		2		8		5	

Puzzle #29
MEDIUM

		8		9			2	
	2			3	5			
		5				1	7	
	4			8	2			1
	1			4		5	6	8
			5	7				
9		1	8			4		6
6				5	7	2		3
				1		8		

Puzzle #30
MEDIUM

7		8		5		2		9
		4	6					5
5		2		7			4	6
				1	6	9		
						4	8	7
				8	3			2
	5	9						
4			5		7			8
3	7			2	8		6	

Puzzle #31
MEDIUM

	2				9			
8				2		6		3
			1					
6			4	3	1			9
	8	4	7			3		
	3			8	6			4
4				7		5		
7	5		8				3	6
	9			1		2	4	7

Puzzle #32
MEDIUM

5	9	1		2	6			8
				1			2	3
6	2				4			
				4	2			
4							7	
8	7		6			5		
	4	7	5					1
1				3	7			9
2			4			3	6	

Puzzle #33

MEDIUM

	2	4						
	3	7		5				4
			3					7
	8				9		1	
	7	5				3	8	
3			6		7			
		1	2	4		6		
				6		8		
	6	8		1			4	5

Puzzle #34
MEDIUM

5	9					4	7	
7			6					
	4					3	6	
		5				9	1	4
3		9			5	2		
				2	8	7		5
				4		6		3
	5	8			7			2
1		4		5				7

Puzzle #35

MEDIUM

	2	1						9
					3		1	
			1			3		
7	5			9			8	
4			5	2				1
2		3			4		9	6
8		4	2		9		5	
	9			4		6		8
	7		6			9	4	

Puzzle #36
MEDIUM

3		8		4		7		
	6			1	5			
				6		1	3	2
		2						4
7		6			4	3		9
			8	9		2		
9				8			7	3
4		1		7				6
	7				9			1

Puzzle #37

MEDIUM

	2	3		6			8	7
9	8		4					
4		7				2		1
	5							
	3			2		7		6
		8			3	5	1	
			2					4
		6	1	9				2
7	1			8		9		3

Puzzle #38

MEDIUM

6			3	9				
9	1			8	2		5	3
4				1			9	
		2		5				9
3	8	9		6			7	
5		1			9	2	4	
	7		6			9		
				7	1		8	
			8			5		

Puzzle #39

MEDIUM

	6		4					2
8	1			9	7			3
			1		6	9		
	8		2	5	9			7
		1				2	8	
		5		1				
	9		3	8		7	4	
	5		9					
	4	8		7		5	3	9

Puzzle #40
MEDIUM

1	6		3			7		2
	7				4	6	9	5
	4			2				
6	1	3		9				
			4	1	6			
		5		3	8	1	2	
			8	6	5			4
		4	9					
		6						3

Puzzle #41
MEDIUM

3		2		1		4	8	
	7				8	5		
		1	6			7	3	
	6					3		4
	2				5			8
4							7	
7					9		2	
5					2			
	9	8	5		3	1	6	

Puzzle #42
MEDIUM

			8				7	
				6	4	3		
		5		1		2		8
2	5	7	6				8	
4					9			
1	9			4		5	3	
9	6			8				
		1					6	2
	3	2	1	5		7		9

Puzzle #43

MEDIUM

			7		2			
4	6	2		5	8			1
		7			4	3		
1					6		4	
		4						2
2				3			9	6
8		3	2			6	5	
9			1					7
			5	8		2		

Puzzle #44
MEDIUM

7	4			1		6		8
6	8			4				
		3						
	2	8	1					9
	9		3					7
3			4	6		1		
2	6			3				
8		9	6	5		2	4	
	3				2	7		

Puzzle #45

MEDIUM

1							2	
	8		4	7				
		2	9			4		8
2	5		3	6				
		7		2	4		3	
		8	5		9	6	7	
9	7							
5	4	1	2		3			9
8						5		4

Puzzle #46
MEDIUM

3			2					4
		9		5	3	2		
				4	9		1	
	3					8		
	4				6	3	9	
6		1		2			7	
4	6			9	1			2
9						1		
	2			3			8	

Puzzle #47

MEDIUM

			5	7		8		3
	4			9			1	5
5		2			8			
4			6	3	2		8	9
	3		9					
	4		3	6				
			7		1	6	5	2
6		5	2			3		1

Puzzle #48
MEDIUM

		8			9		2	
9	6	2			8			4
7		1		6				
	7			1			8	5
8					5	9	7	1
			7	8	2			
4	8					1	3	
		7		9	4			
2								6

Puzzle #49

MEDIUM

4	2	1	6					
	5				1			6
6		9		5				1
	4				7	5	3	
	9				2	8		
2	8	7		6	3			4
5							9	
	1						7	
	7	3	1	2				8

Puzzle #50
MEDIUM

2								8
				7		1		
			9	1		5		3
		5			7	8		9
9	7	2						
	4	8	6			7	2	5
	1		7			9		
		7		4		3	1	
4	5				3	2		

Puzzle #51
MEDIUM

	4				6			
8		5	1				4	
				8		1		
5		7	9	2		4		6
		3	4			2		1
4	1							5
3			8				6	4
2					9	3		
	9	8			5	7		

Puzzle #52
MEDIUM

			1	3	9	6		
5	3		7	4			8	
3				9				1
		8			4			3
	2						7	
	1	4			6	3	5	2
2			5				4	7
7	5	9				8		

Puzzle #53

MEDIUM

4							9	1
	3				6	5		2
	1			8	9		3	
5		8	1		3	2		
1			6				5	
2				5			1	8
	5		8				2	9
	7			3	2			
		1			7		6	

Puzzle #54
MEDIUM

		4	2	3				
8	1				6		3	5
	3					6		
2			5			8		
3	8				7		4	
7		1	3		9	5		6
4			8			3		7
	5					4		1
	7				3		5	

Puzzle #55
MEDIUM

	8		4	2				7
1	2					5	4	
6					5			9
3				6			7	
4			3	1			8	
			5		9		3	
9	6	8						
			2		8	1		6
		3				8	5	

Puzzle #56
MEDIUM

	3			2		4		
1	6	5		7				
				8	1			7
5	1				6		7	
				1				2
		6	8			1		3
					4		2	1
	4	1	2	9	7	5		
6						3		9

Puzzle #57

MEDIUM

		6			1	5	9	
2	9		5					
1							3	2
				4	9			
		9	3	5	2	1		
				1		6		5	3
	6	4	7		3	8	2	
		2		6	5			
	5	7			8			6

Puzzle #58
MEDIUM

	3			4	8			6
	2						5	
	6	5			1	8		9
4			9	3				7
	7	6						
			7		6	4		8
2							8	4
6				5	7	3	9	
9		3	2					1

Puzzle #59

MEDIUM

	6		2	1				
2		1		8	7			6
	4	5			6	8		
	1					2		
5	7		3	2	8			
8	3			9		4		
	2					5		
		6	5				1	3
		3					8	2

Puzzle #60
MEDIUM

4				6	8		1	
9						8		
2	8				5		9	6
						7	8	
			7		2		5	1
	5	3		4	1	6		9
			2					
	1		6	8	3			2
		2				5	7	3

Puzzle #61
MEDIUM

						1				5
				3	9					4
8	4	3		7				9		
					4				7	1
	7	2		9	1			8		3
	3					7				6
		7								
9		8		6				4	3	
	5	4						6		

Puzzle #62
MEDIUM

				1	5	8	4	7
		8			3		9	2
	2			7		6	1	3
						7	6	
4			5					8
	9		4			2		
8		2		3	4			
		3	1					9
9					6		8	

Puzzle #63
MEDIUM

6		7	1	5	9			
			6			2		
	9	1		2		7	6	
	1							
			5	8				1
	7	6				9		4
4	8		9		2			6
			8	4			3	
	3				5	4	9	

Puzzle #64
MEDIUM

			8		9	1	3	5
2		5		7				8
8	1		4					
3				5				
4				6		2	7	
9			2			8		3
	6		3		7		9	
	9					7	8	
	8					3		4

Puzzle #65
MEDIUM

1					8			
8	3	2		1	6			
5	6	4	7	3			1	
		1			7		3	9
				5		6	4	
9				6	2		5	1
						4	2	7
							8	3
4	7		8		3			

Puzzle #66
MEDIUM

1	5			9		8	3	
			2	4	5	7	6	
		2			8		9	
			4	6			5	
4			3					
2	3						7	
		1		7				
5	9					3		7
	2	7	6	1				9

Puzzle #67

MEDIUM

8		4	2		6		7	
	6					9	2	4
					9	6	8	
6				7	2	1		
	2		4			5		8
	4	5		1	8			
			8			2		
	5	9						3
	7				1			

Puzzle #68
MEDIUM

		3		2		6		
	6	5	9			8		
		4			6			3
3	5			4				
			6			2	9	
2			8		7	3		
		1		6	4			
8	4		7		9			
	9			5			1	2

Puzzle #69

MEDIUM

3	9			2				
	4		5	8		2		7
7	8			6			9	
1	5		4		3		7	
	3					5	6	
				7		4		
		4		3	1			6
		9			6			4
	6				2		8	

Puzzle #70
MEDIUM

	2	3				7		
5			3	2	8			
			7			2		3
		9	5				3	4
		4		7			2	
				4	3			
9				1		4	5	7
7			4	3	6		9	8
8		1						

Puzzle #71

MEDIUM

1	8				6	5	2	7
	9				7			4
					8			3
		6	8		9			
	5		3	2			7	
				6		2		9
					4	1		
4				5			8	
2		1	7	8	3	4		

Puzzle #72
MEDIUM

		7			6	2	8	
	1							
			4	8	7	5		
			2		8	7	5	
3			6	7	1	8		
4				9	3	6		2
1				5				8
			3					
6	5				9		4	

Puzzle #73
MEDIUM

	4		1		3			
			9			5		2
	5	7		2	8	1		
			8	1	4	9	2	7
	2					8	5	
7	9					3		
9	7	5						1
		4						
	8			9	5	7	6	

Puzzle #74
MEDIUM

8								9
		5					6	7
	6						3	1
7		4	3				8	
				4		7	2	5
9	1	2			8		7	
1	4			8	6			
2		6	9		1			8
	9			3	2			

Puzzle #75
MEDIUM

	5			6	9			1
	7	1		4	5			2
2			7	3				
		6			4	2		5
9			2			3		
	8			7		5	1	
	6	7				4		
			4	8	1	7		3

Puzzle #76
MEDIUM

6	2	9		5				7
				7	9	2		4
	5			1	3		8	
	4	3	1			8		
		1	9					
					7			3
	3	4					2	
				8		3	6	
8	9							1

Puzzle #77

MEDIUM

4						9		1
		3					5	6
	2			7		8		3
3					6	5		2
		6	2		8		1	7
			7	4				
	1	2			3			4
8	3		6		7	1		
9						7	3	

Puzzle #78
MEDIUM

9		4	3	7				1
	3	7		2	6			4
8		2					7	
		8			1			
1			4				3	5
		6	5			9		
	9			1		2	6	7
	2		7				8	
	8		2			1		9

Puzzle #79

MEDIUM

8	1		2	7			4	5
7				5			1	3
2		6				9		
3		2			1			9
	7	1	5				8	
	6	8			4			7
6								
		5		2			9	
			9			4		2

Puzzle #80

MEDIUM

2					6	5	4	
				2	9	8	3	
			5			1		
		6		8		7	2	
	4				3		1	
				5	7		9	
		3	8		2			
9	7			6				4
8		2		1			5	

Puzzle #81

MEDIUM

7	6	2	1		5		8	
				2	7	5		
		3	8	6				4
6		9	5			8		
		8		9		1	6	
5		1					2	
				3		6		1
9			6			3		8
3							9	2

Puzzle #82

MEDIUM

2	4	9			7		3	
	7	1					2	
			2			5		
7		3	9					
	2	6	4	7				5
		4		8		2		
			1	6				
8				4	3	1		9
	1	5		2			6	

Puzzle #83

MEDIUM

	9					2		4
6	8	4		1	2	5	9	
					4			6
			9			7		8
9	7							
	3	6	1					5
	1	3		4		8		2
8	4				6			
			7	8				3

Puzzle #84
MEDIUM

6		4					1	8
	3		8	4				6
7	1	8			3	4		
								2
4		1	9	5				
			1	3	4	7		
	6		4	8	7			
9			2		6		3	
		7			5			

Puzzle #85

MEDIUM

3	4		6	7				
		7						1
		6	5		4			
	3		8	5	9	1		
7	6		3			8	9	
		9					3	4
	7		4			9		
1					8		7	6
	2						1	8

Puzzle #86

MEDIUM

	8		3			9		
1			6		9			5
	6	5						
3	4		7	6				9
			1	3	4		6	
		1	9	5			7	
								2
8	5	7		9			4	
		6		8			1	7

Puzzle #87

MEDIUM

5		3				6		8
					8			7
6			9			3		1
	4							
8	9			3			7	6
			4			8	3	5
	6	9		1		5	8	4
	1		5	8		7		
			6	7			2	

Puzzle #88
MEDIUM

				6	2	3		
		4	9					
	8			4			6	7
		2			9			6
		6		2		5	7	3
	7					1		
7					6		3	
8	3	5			7		2	4
2			3	5				

Puzzle #89
MEDIUM

5		4			9	8		
2			3		5	4		7
			6				9	1
	1							
			9	1	2		4	5
4		9	8			2	1	
				5			8	
	8							2
3			7	9			5	

Puzzle #90

MEDIUM

7			9			5	4	
				1		7		2
2	5				6		1	9
4			6					
		7	4			3		
	6		8			9	5	
9		1		8		6		7
3			2					
	4		1	7			9	

Puzzle #91

MEDIUM

	2	9	8		3			
6	3	7	1	4				
	4			2	7			
2			6					3
					8	2	5	6
	1		5		2		9	
					1			
					9	4		7
5		2		7	6	3	1	

Puzzle #92
MEDIUM

				3	6		5	
	8	5		2	9			
			4			8		9
			3	8			4	
	1	7		6		5		3
					5			2
5	6				3			
7	3					6		1
		4			1		2	5

Puzzle #93

MEDIUM

5	3				1	4		
	6	9				2		1
4		7		2				9
	8				4		2	
1		3		7			4	
6						8	9	
				6	5		1	
2			3	9				
			2	1				4

Puzzle #94

MEDIUM

			7				2	
			5	6			9	
	8			3	1	7		6
	6		8					
1	5	9	2		3		8	
3			9			5		
7	2							1
	4	3		2				
		1	3		5		6	

Puzzle #95

MEDIUM

	8			2				4
	2				9	7		
5	6	3					2	8
	3	4			8	5		7
6		2		5		1	8	
		5		1			3	2
		7		6				
2		8	9		7			5
9					1		7	

Puzzle #96
MEDIUM

3	1		7		6			
				1	4			3
	4					1	9	
	5		2					
		8		9		7	4	2
2		4				8		
4	6		1	8				
		5			9			6
	8	2		7	5			

Puzzle #97

MEDIUM

7	1		8			6		
5				4				
3	6		9			4	7	
1	4	3	7			9	5	2
			3	5			4	
				1				6
		1					9	
		6					3	8
			5	8	3			

Puzzle #98
MEDIUM

				6	8			9
		6	5	9		2	7	
	4				2			
4	1		7	3				
3	9		8	1	5			
		8	9			3		7
2	3	1		4		8	9	
8	6			5	1			3

Puzzle #99

MEDIUM

	3	9		8		7		
7	4						5	
1		8				9		
3			1	6			9	
				4				2
	8		9					
4					5	2		1
2	7	3		1			8	5
		5		3		6		9

Puzzle #100

MEDIUM

3				2				9
9			5			6		
				4	8			
	2	3		5			9	7
5			8		9		6	3
	8			6				4
		2			7	3	1	
1							2	
	7				3	9		6

Puzzle #101

MEDIUM

	8							2
2		7		4	5			
			1			6	4	7
8					1		3	
			6			2	1	8
			7	8	2		6	9
7	5		8	1				
		8		7		4		
	3		4					1

Puzzle #102

MEDIUM

		9	1	5			2	
4		5			2	3		
3		7						
		3				7	5	
		8	2			9	4	
		2		4	6		3	1
		1			9			4
2	8						1	
		6	5					3

Puzzle #103

MEDIUM

5								
6	2	9	3			1	7	
3			1		5	2	9	
			9		1	5		3
		4			2			
8		3						
4				2		8	5	
1			6		8			4
7						9		2

Puzzle #104
MEDIUM

6	8	4			7			
				4			8	7
	3		2		6		4	
4			6				2	3
	5	2			3	1		
3								9
1		3		5		4	9	
2	4			3		5		
		5	4					1

Puzzle #105

MEDIUM

6	5		3		7			4
						7	2	
2		3	9					5
5		7			6			
							9	8
		9	2	5		6	3	
				6	8	4		
4								9
	8	1	4			2		

Puzzle #106
MEDIUM

	9						1	5
6		7	3				9	8
				8	5			
	2		5	3		4		9
4		3		6				5
5					7	8		
2	4					3		7
	7						4	
	3		7	5				6

Puzzle #107

MEDIUM

		9	4	8			3	
8	2	4		3		6		7
	1	3	9					
			7		5			3
	6						5	
		1						2
		5			7			
7	8				9		1	
	4		1	2	3	8		

Puzzle #108
MEDIUM

8	5	4	7				9	
	6						2	
	2	9	3			8	6	
2		3		9	6			4
	9	8	5		7	6		
		6	4	2	8			
7			6		4			
					9			1
	4							

Puzzle #109

MEDIUM

	4		2			7		
	1			3	9		6	
7			8		4	5	3	
	6				7			
5			3		2	4		
2			1		6			7
3		6		4		1		
		8						5
		9	6				8	2

Puzzle #110
MEDIUM

6				3			4	
7	8						1	
	2	4		1		6		7
					1		8	
	5	8	4		2	1		
	7	2	9					
							7	
5								3
8	3	6	5	4		9	2	

Puzzle #111

MEDIUM

9			8					
6		4		1	3			9
8	5				7	2		
		9				7	6	
2				1			3	
		8		7		1		
	9	3	7	2				
		6		5	4	9	2	
4				8	9			7

Puzzle #112

MEDIUM

3		6	8			4		
		7					5	
				3			2	
2				7		5		
6	4							
7		5	1			3		6
1	5	2			9	7	3	
				2			1	4
4	6	3			1	2		5

Puzzle #113

MEDIUM

			6	9		5	7	
								2
9	4			2		8		1
6			8					5
	1						6	
7	2	5	1	6		3		
2					4	1		
	7		2	3	6			9
5	3			8	1	7		

Puzzle #114
MEDIUM

			2			5		8
8			4			2	6	
7				6		9		3
		2		5				
	4				1		7	
6	1		8		3	4	9	
	7							
2	5		9	8				1
			5	1	6			4

Puzzle #115
MEDIUM

			4		3		6	
6				5		1		3
3		9					7	5
						3		
1	9	7		8		2		
		5					9	
			3	5			4	6
	4	2					3	
5		3			9	8		2

Puzzle #116
MEDIUM

		7						5
8			4		1	2		7
2	6						8	3
	9				4		7	
4		3	7	5	8	6	2	
7								
				1	6			
	3	2	8				9	6
					3	5	4	1

Puzzle #117

MEDIUM

			4				5	3
1			8		2			7
6				3				
		3		9	7	8		2
		8	1	2		5	3	
5			3				7	9
9	4					3	8	
8								1
	7	2	6	1				

Puzzle #118

MEDIUM

				4		2		
	6			9	3			
	1	9	8	5	2			4
	2					5		
	4	5					8	6
8								
3		2	9		4	8		
1	9	7				4		
			3		7	1	9	5

Puzzle #119

MEDIUM

	6			8		4	9	5
9	3	8	6					
	7						6	
	9	7		2				
5		2	7					
		3				7	8	
	8			4	6	5	7	
		4	1	3	9		2	8
	2					9		

Puzzle #120
MEDIUM

3	6		5					
4	1		2			8		
				8			9	1
7		1	6	9			4	8
	8	4				6		
5		6						3
6	4	5			3		2	
							8	
8		2		5				6

Puzzle #121

MEDIUM

	9			5		6		4
		7					3	
6		1	8	7			9	
				5				
8	2			4				5
9		5	2			3		7
	7		3	2			8	
				9	4			
		3			5	1		9

Puzzle #122

MEDIUM

7	6		1		3	4		
4					8	6		
2	5			6	9	3		
		5	6					
				9		8	7	
1			3					
		6			2	1	9	5
	8		7			2		3
5		1				7		8

Puzzle #123

MEDIUM

					3		1	5
		3			5			4
		4	7			2	9	
6	2						3	
	1	9	6	3		5		
	5	7		4				6
9		1	3					8
7				8				
		2	9		4	3	7	

Puzzle #124

MEDIUM

4	8		5		1	7		2
					6	8		
1	6	7		8			9	
					4	3		9
2	3		7					
						2		8
3	2							7
	4	5		3		6		
8			9	6				4

Puzzle #125

MEDIUM

9	5				2	4	6	1
					1		9	8
2								
	4	5		1			3	7
				8			4	
		8	6	3			2	
		2				6		
4	1	7	9	6	3			
	9				7			4

Puzzle #126
MEDIUM

6			8	9			3	
9							7	6
		4	3	2		8		
	9		4		1		2	3
5	1							7
2			6	7				
1	6						4	9
3	7				2			
		9	1				5	

Puzzle #127

MEDIUM

4					9	8		
	9							1
	3			7				
8		9	1	6	7	2	3	
				4			9	
	7	3	9	5				
3	1				8			6
6	5	7	3					
9						7		3

Puzzle #128

MEDIUM

					9			8
	9		1	3	5		6	
		7					3	
5	8				1		2	7
					4			5
2		1	3		8		4	
8	4	9						
	2	6		9		5		4
7		5		4				3

Puzzle #129

MEDIUM

2		7	4	5	1	9		
1		3	8					6
					9		2	
		2		1		7	5	
8			5	3				1
	4							
3			6	9	5			2
7	8					6	1	
		6	1					

Puzzle #130

MEDIUM

4					6			8
	5						9	
9	1	6		7			2	
			1	4		6		9
2		1	5		8		3	
8	4				3			
		7		8			4	6
			4				9	2
	9	4			7		1	

Puzzle #131

MEDIUM

2					3			6
	7					9	5	
	6		8	7			3	
				1	9	5		
	9				7	8	2	
	2	1	6	5		4		3
6								2
		7	9	8	2			5
8	4		7					

Puzzle #132
MEDIUM

							1	4
	6	9	7	3				5
4		5		1	9			
	3			5	1			
9	8					7		
5					7			3
		4		7			6	2
6	1		3			5		
		2		4		8	3	9

Puzzle #133

MEDIUM

5	4		9	7		6	1	
9		8	6			4		2
						5		7
4	9	7				2		
		1		4		3		
		6						1
1	6	9		8				
					1	8	6	4
8	3		7	2				

Puzzle #134

MEDIUM

8		9	5		3		2	1
				7				
	4				8	6		3
				2		9		6
	3			8	9		1	4
		2	3	6	4	5		
		1	2			4	7	
	2							9
9			8					

Puzzle #135

MEDIUM

								2
	5				8	7	4	
6	9		2			5		
4			7				5	8
			8		4	6		3
3				5				9
		9	4	8		1		7
	6	1					3	
2		7	9					5

Puzzle #136
MEDIUM

1	2			3	9		4	7
				1		3		
9	3		4	7		2		6
		2	1	4			3	5
					3	6		
	4	9			5		7	
2	7	8						3
		3					2	1
6							9	

Puzzle #137

MEDIUM

5		1				9	6	3
	7					2		
3	8	2		9	5			7
	9	4	1				3	
			4	6		7		1
					3			5
					6	5	8	4
2	6			4				
			8	3				6

Puzzle #138

MEDIUM

	9	2	1	6		3		
	6			9	4			
			7	3	5			
			3		2		6	5
		1	6		7		2	8
			9	8	1		7	
9							3	4
8						2	5	
	7	4			3			

Puzzle #139

MEDIUM

	7	5			8	6	2	
		2					9	7
6	9	4	1	2				5
		3	6	9			5	
				7			4	
9					5	4	1	
				4				
4				1				
		1	2		3	4		

Puzzle #140
MEDIUM

		7			6	2	9	
				3				4
	9	4	7		5		3	
	6			5		7	8	
7			2				5	
		8	1					2
	4		6	2		8	1	7
8				7				3
		3	8		9	5		

Puzzle #141

MEDIUM

		1			8		5	
3			5	6				4
	8					6	7	
9		6		4				5
2	3		9		7	1		
		4				3		
			7			2		8
6	2	9		5		4	1	
7				2				

Puzzle #142

MEDIUM

	8							
3				8	9	6		
		5	1	6		2		3
8	7	1		9			3	
	3		7					8
		2			3		6	
				4			1	7
		8			1	4		9
1				5	8			

Puzzle #143

MEDIUM

	1		2		6		9	
4			9	3		1	8	
9		3	1	4				
1		4	7				6	
	5	2		1				7
6	3					8		
3			8			6	7	
		1		6		2		
		8	3	7			5	

Puzzle #144
MEDIUM

		8	4		9			
5			2					6
9	3			6				5
					5	3	8	1
		3	6					
2	5			8			6	7
6				9			5	8
			8				2	
4		1				6	3	

Puzzle #145

MEDIUM

	7			5			2	
			8					
4						6		7
			5		7			
	9			6	3	8		
	1		2		4	9	5	
	4	8		3			9	2
	6	9			2	1		
	3	2				5		6

Puzzle #146
MEDIUM

3		4		8	7	5		
		5		1	4		6	
		7			2			
		9	2					7
	6			9			5	3
	3							2
4	9	8	7	6				
				4				
1			5		3	8	9	

Puzzle #147

MEDIUM

		8		1				
				9			3	7
3			2		6			9
8	7		6			9		
		1					6	2
		2	9	5		7	8	4
			1	6			9	
2					4			
7		5		2		1		8

Puzzle #148
MEDIUM

8				6	3	4	7	
3					9	5		6
			8					
4	1	5						
	2			3		1	4	9
	3	6					2	
2		3					1	
6	7	9	2	1		3		8
							6	2

Puzzle #149

MEDIUM

	4		7	8			1	
3		8	6		1		7	
6		1		4		9		
2	5	9		3	7	6		
	8						2	
	3		1					4
8				6			5	
5								3
	1				5			9

Puzzle #150
MEDIUM

8		6	2		3		5	
5					1			
	3		4	7				
			1			8	7	
	5	4	7					9
		8					1	3
	9		8	1		6		
		1		6	2		4	
	8	5			9		2	

Puzzle #151
MEDIUM

		2				3	7	
1		3			9	4		8
6	7	8						5
		1			5			
	6		4	8				3
3			9		7	6		
2	9		5			8		7
5				9		1		
				4			5	2

Puzzle #152

MEDIUM

9	5	8		4	1			2
		6	8					1
		3			2	8	6	5
	3			8	4		2	
				2		1		3
1	7							
					5	7	9	8
			4		7	2		
6			2					

Puzzle #153
MEDIUM

			9		1	7	5	3
	1		3	5				9
				6			8	
		6			8	3		2
	5	3		2		8	9	
1	2		4					
	7	9			2	5		
	8			7				
5				3		4		

Puzzle #154

MEDIUM

9		6		4		2		
		3			9	5		1
5	4			7				
		7						4
	1	4	9		2	7	5	3
						8	6	
			1			3		5
4								2
	3	2						8

Puzzle #155

MEDIUM

1						9	5	
	6		9		5		2	
2	9			8				7
7			4			1		5
	5						9	
	3		7	5	6	2		
8	4				2		1	
	7	9	8					
3		2				4		

Puzzle #156
MEDIUM

			2	3			1	
		2		8		3		
3			1	7				
9	3		8			6	5	
2		8	4		9		3	
7				1				2
	7			5		9		
				9	8	5	4	
6	9			4				

Puzzle #157

MEDIUM

	2		6	8		7		
		3	5	9	4		1	
	5	6						
7	8	9					2	4
		4		3	7		8	5
			2					
1							4	
5	9			1		2		
				5				

Puzzle #158
MEDIUM

	2	7	3				4	5
	1	6		4			7	9
	9							
6	7		9		3	5		
			4		2	8	6	
4				7				
		5				7		
7	3		2		6			
	6		7	5	4		2	

Puzzle #159

MEDIUM

7		2	5				3	
			3		7	5	8	
			6		2			
	5	3				8		9
	9	6	8			2		
		7	1					3
9	8			6	5	3		4
	2					1		8
			2				6	

Puzzle #160
MEDIUM

	4		3		2		9	1
8					4		6	
			7		9	4		
	6	4		7		9		2
	2			3		6		
5		7		2		1		
				4		3	2	
	9	2	1					
3			2		7			

Puzzle #161

MEDIUM

							1	
			4	8	1			
7		1			2	3	4	8
3				7				1
			5		4			2
		8	2	1		5		3
9	1	5	6	4				
	4			2		9		
6		3					5	

Puzzle #162

MEDIUM

8							5	
	4				2		8	
		7	3	6	8	4	9	
	8		5	3			1	9
					6			4
	5		2		1			
			1	8	3			6
	3							5
6	9	2	7	4				

Puzzle #163

MEDIUM

	2	1			5		9	
	3		4	1				7
				2	3	8		6
1	9	4	3	5		7		8
	6		1					
	8	5	6					2
			9		4			
9		2	5	7				3
8			2				7	5

Puzzle #164
MEDIUM

9						6		
	6			2				
	2			8		1	7	3
	8		6		4		3	7
6			1		8	5		
7	5						6	
5		7	8					6
				1				8
3			2			7	4	5

Puzzle #165
MEDIUM

	7			4		1	6	
				9		8		
9		6				3	2	5
	8	3		1				7
	9			2	8			
		1			9	2	4	8
6		9				5	1	
7					2		9	
1				6				

Puzzle #166

MEDIUM

				5	8	6	1	
	5			9			3	8
		4				9		7
3		6		4			9	
1	9		8		2			4
					5	1		
7	3			8				
	4			1	9		2	3
					4		6	

Puzzle #167

MEDIUM

		4						5
1	3	8	4			7		9
	6		3				8	
		9	6		3	4	2	
	1						6	
				8			5	3
3	8	7		1	2			
6	4				8			
				4	8			

Puzzle #168
MEDIUM

		9					3	8
6		3		5		7	4	
	2	1		8				5
3	6		9			8	2	
							9	
1		8	3	7	2		5	
	5	6						
		2		6	7		8	
					4			9

Puzzle #169
MEDIUM

	5				4	9		
1			5	3	9	8	4	7
		9	8			3		
							6	
		1				5		3
7	6		3	9	1			
		7	9		8			
				1			5	4
	1	3			5	2		

Puzzle #170

MEDIUM

8	4	3						
	2			5	4	3		
	5	6	8	1			7	
2				8		9		
				9	6			1
			3				4	
	9		5			1	3	
	3	8				2		6
		5	2			8		

Puzzle #171

MEDIUM

5								
2	4	6	7			8		
7		9		3				
		5			3	6		
		4		7	5			3
			2				9	8
4			6		9			2
	8			4		7		5
3		2	5	1				

Puzzle #172
MEDIUM

			8	7	5			6
		8			1		5	
	6	5						
5				2			1	
4		1				3	6	
6	7		4	1	9		8	
	9		2		8			4
		7	1			6		
	4			6		5		8

Puzzle #173
MEDIUM

	9	6						
8		2				7	4	
				6	8			
	4		7				2	5
5		7			3	6		1
	1		6			4		
3		9			7		8	
			4		5	9		
	5	8		9	6			

Puzzle #174
MEDIUM

		5	9				3	1
		1		7			5	
	3							2
6	5		1	4		7		3
	8	4						9
			8		5			
3	2			5	8		9	
4				6	2			
5				9	1		4	

Puzzle #175

MEDIUM

4	3	9	7					
			5		4	9		7
5	6			9			2	1
1					5			
	2					7		
		3		8				9
			6	2	7		1	
		5				3	9	
	4			5				8

Puzzle #176
MEDIUM

6	3	2			9	7		
		1			7		8	5
		5		1				
	7			3		8	6	
	9		6					1
2	5			4		9	3	
3			2	9	4	5		6
			8				9	
5	2							

Puzzle #177
MEDIUM

9	5	2		3		7		1
7	4		9					
	6				7			2
			5				8	
			3		6		7	9
8	9	6						
6	7				4	3	2	8
	8	3		2		6		
		9						

Puzzle #178

MEDIUM

				6				5
			8		4		6	
4					3	1	8	7
	2	7			5		4	
		5		8	7		9	2
		6	3				5	8
		4	5					
			4			5	3	6
7		8						

Puzzle #179

MEDIUM

2	8	1	7					3
		4			2	5		
	5			4	3	2		
	1				8			9
	2		1			4	5	
		3	4				8	
				8		3		5
	4				9		2	1
9		5			1			

Puzzle #180
MEDIUM

			4				9	
		4	5		7			6
6	3				9			
	1		3	6		7		8
		2		5			3	1
8			9			5		
7	2		6					
		5		7				
3	9	6		8		2	5	

Puzzle #181
MEDIUM

						1		9
		1	4		9			
	9			1	3	6		2
7			5	9	6	8		
4	1		8			7		
							2	3
					8		5	
9	8	2			4	3		
	6					9	2	

Puzzle #182

MEDIUM

6					5			
		3		7	2		6	9
					3	1	5	
			1			7	3	8
		1			9		2	
	6		3					5
1			4		6	2		
8		9				5		6
2	4				7		8	

Puzzle #183

MEDIUM

7	6	3		4		9		
1					2			
	5	2	6					3
6				9		3	1	
	4		2		6		7	
	1	5				6	4	
	7	6						
					8			
	9		5		7	2		4

Puzzle #184
MEDIUM

	3	6	9	7			5	
		9		1	3			
2						9		
3	6	1			5	2		
			1		8	7		
7	4			3			1	
		2	6			3	9	
			8		1	5		6
				9		1		

Puzzle #185

MEDIUM

7		8		1		3		2
				9				6
	6				7			
6						7		8
	2							
	5	3	7	8		2	1	
		1	2				8	9
		6		7	5	1		
		9	1		8		4	

Puzzle #186

MEDIUM

			7	9		6		
4	6	5	8	1	2	7		
			6		4		1	
2		6				4		9
	9			3		5	8	
					8		7	
		2		6		3		
	7				1			4
	4			2	7	1		

Puzzle #187
MEDIUM

2			7			8		9
	7	1						
						3	6	
4		2	8		6			
6	9			1		7		2
1		7		9			5	
5			6	4			7	
3			1		7			
	6	4						

Puzzle #188
MEDIUM

7	4			1		6		8
6	8			4				
		3						
	2	8	1					9
	9		3					7
3			4	6		1		
2	6			3				
8		9	6	5		2	4	
	3				2	7		

Puzzle #189

MEDIUM

8		3		7	2			
		4						3
5	1			4		7		9
3	9						5	
	8	6						
				6		1		4
			4		9			
7			8		6	1		4
	4	9			7		2	6

Puzzle #190

MEDIUM

		6	1				4	2
		2	5	9	4			
						8	9	
3		9			5	7		8
	4				8		6	3
7			9			1		
		7				2	3	
				7	3			
5	8			6			1	7

Puzzle #191

MEDIUM

	3				4		9	
6	9			8				
5		7	3	9	1		8	
		5		7	6	9		
1						5		
8			1	4	5			3
9						1	6	
			2	5		8		9
			6				5	2

Puzzle #192
MEDIUM

8	1		4			2	5	7
	2	3			8			9
	9			7				3
	3						6	
6		2		3	7			
		5	1		2	4		
	5			8			7	
	8		3		6			1
	6		7					

Puzzle #193

MEDIUM

6					5	1	3	
	9	2	4		7	8	5	
						7		2
					8			
	6		1	5		4	2	
5		1	7				6	
8	2				6		1	
4		3		7		6		9
9	7			3				

Puzzle #194

MEDIUM

	3	6	5		1			7
2			3					5
5		8	2	4	6	1	9	
	9				4	3	5	
						6		
		7	8		9			1
3				7			1	
		1	4	5	2	7		
	6				3			2

Puzzle #195

MEDIUM

			2				1	
	2		7	8	4			3
			1			5		8
9	6				1		5	
2			5	4			3	
7					6	4		1
6			3					2
	3					1	9	
		5	4		2	3		

Puzzle #196
MEDIUM

2	8		6		9		5	7
	6						8	9
		7				6		1
9		8	1			4		
	5				7			3
6		2	3					
		3				8	2	
5			8	3				
				5		1		

Puzzle #197

MEDIUM

				7	1			8
	1	4	6			9	5	7
8		3						
	8	5			9		4	
	6						1	
3		9			6	8		
		7	5		3			
	9	8	4				2	
5			8		2			

Puzzle #198

MEDIUM

3	2	5		1				
	8					4	5	
	1		6			7		2
	7	6	2			8		3
	9			6	1			
	3	1		5	8			
		8						
1			5		9			8
	5	2		7	3			6

Puzzle #199

MEDIUM

6	2				8			7
		8	6		7			1
				4				9
8		1	7					
			8	9	5		6	
9		2				5	7	
				7	3			
					4	7	1	
1		6	5			2	4	3

Puzzle #200
MEDIUM

		8				7	9	5
5				4			2	
	9	6	3	7		8		
		2			4	6		3
	4	5	6		1			7
8		9				1		
	8	4		1	3		7	
					9			
				6	4			

Puzzle # 1

5	8	6	1	3	4	9	7	2
1	7	2	5	6	9	3	8	4
9	4	3	2	8	7	5	1	6
2	5	4	8	1	3	7	6	9
8	9	7	4	5	6	1	2	3
6	3	1	9	7	2	4	5	8
4	2	8	7	9	1	6	3	5
3	1	9	6	2	5	8	4	7
7	6	5	3	4	8	2	9	1

Puzzle # 2

6	9	4	2	3	1	5	7	8
8	1	3	5	6	7	2	9	4
2	5	7	8	9	4	1	3	6
3	6	1	4	5	2	7	8	9
4	7	2	1	8	9	6	5	3
5	8	9	3	7	6	4	2	1
9	2	8	6	4	5	3	1	7
1	3	6	7	2	8	9	4	5
7	4	5	9	1	3	8	6	2

Puzzle # 3

9	6	4	8	2	1	7	5	3
3	5	1	6	7	4	2	8	9
8	2	7	3	9	5	4	6	1
4	8	6	7	5	9	3	1	2
2	7	3	4	1	6	5	9	8
1	9	5	2	8	3	6	7	4
5	3	9	1	4	7	8	2	6
6	1	8	5	3	2	9	4	7
7	4	2	9	6	8	1	3	5

Puzzle # 4

1	8	4	3	9	2	5	7	6
6	5	2	1	7	4	8	9	3
3	7	9	6	8	5	1	4	2
9	6	7	2	1	8	3	5	4
2	4	5	9	6	3	7	1	8
8	1	3	4	5	7	6	2	9
7	2	6	8	4	1	9	3	5
4	9	1	5	3	6	2	8	7
5	3	8	7	2	9	4	6	1

Puzzle # 5

7	5	9	2	8	1	6	3	4
4	1	6	7	3	9	2	5	8
2	8	3	5	6	4	1	9	7
1	7	4	9	2	3	5	8	6
6	9	5	4	1	8	7	2	3
8	3	2	6	5	7	4	1	9
5	4	1	3	9	6	8	7	2
9	6	8	1	7	2	3	4	5
3	2	7	8	4	5	9	6	1

Puzzle # 6

4	7	1	9	5	2	3	8	6
2	9	8	3	6	7	1	4	5
3	6	5	1	8	4	7	9	2
5	3	7	4	9	8	6	2	1
6	8	9	2	1	5	4	3	7
1	4	2	7	3	6	9	5	8
8	5	4	6	7	3	2	1	9
9	2	6	8	4	1	5	7	3
7	1	3	5	2	9	8	6	4

Puzzle # 7

1	8	2	9	3	6	5	7	4
4	9	6	7	5	8	1	2	3
7	3	5	1	2	4	9	8	6
5	2	3	6	7	9	4	1	8
8	7	4	2	1	5	6	3	9
6	1	9	4	8	3	7	5	2
9	5	7	3	6	2	8	4	1
2	4	1	8	9	7	3	6	5
3	6	8	5	4	1	2	9	7

Puzzle # 8

1	8	7	4	9	3	5	6	2
4	6	2	8	1	5	3	9	7
9	5	3	6	7	2	8	4	1
2	9	8	7	6	1	4	3	5
6	4	1	3	5	8	7	2	9
7	3	5	9	2	4	1	8	6
5	7	4	2	3	9	6	1	8
8	2	6	1	4	7	9	5	3
3	1	9	5	8	6	2	7	4

Puzzle # 9

5	3	1	8	4	9	7	6	2
9	6	7	5	1	2	8	3	4
8	2	4	7	3	6	5	9	1
2	7	8	9	6	4	1	5	3
4	9	6	3	5	1	2	7	8
1	5	3	2	7	8	9	4	6
3	4	2	1	9	5	6	8	7
7	8	5	6	2	3	4	1	9
6	1	9	4	8	7	3	2	5

Puzzle # 10

5	6	9	8	2	7	3	4	1
2	1	4	9	6	3	8	5	7
3	7	8	1	4	5	6	2	9
1	9	2	3	7	4	5	6	8
8	5	3	6	9	1	2	7	4
6	4	7	2	5	8	1	9	3
9	8	6	7	1	2	4	3	5
4	2	1	5	3	9	7	8	6
7	3	5	4	8	6	9	1	2

Puzzle # 11

8	6	2	7	9	1	5	3	4
4	7	1	3	5	2	9	6	8
3	9	5	4	8	6	2	7	1
9	2	3	6	4	8	1	5	7
1	8	4	9	7	5	6	2	3
6	5	7	1	2	3	8	4	9
7	1	9	5	6	4	3	8	2
2	4	6	8	3	9	7	1	5
5	3	8	2	1	7	4	9	6

Puzzle # 12

1	7	9	8	3	6	2	5	4
2	5	4	7	9	1	8	6	3
6	3	8	5	2	4	9	7	1
9	8	2	1	4	5	7	3	6
3	4	5	9	6	7	1	2	8
7	1	6	2	8	3	4	9	5
8	6	7	4	5	2	3	1	9
4	2	3	6	1	9	5	8	7
5	9	1	3	7	8	6	4	2

Puzzle # 13

8	4	1	3	9	6	5	7	2
6	9	3	2	7	5	4	8	1
5	2	7	8	4	1	9	3	6
7	8	4	5	6	2	3	1	9
2	3	9	4	1	8	6	5	7
1	6	5	7	3	9	8	2	4
4	7	8	9	2	3	1	6	5
3	1	2	6	5	4	7	9	8
9	5	6	1	8	7	2	4	3

Puzzle # 14

7	2	1	3	9	5	6	8	4
3	4	5	1	6	8	2	7	9
9	6	8	7	2	4	3	5	1
5	8	3	9	7	2	1	4	6
6	7	2	4	1	3	5	9	8
4	1	9	8	5	6	7	3	2
2	3	7	6	8	9	4	1	5
1	9	6	5	4	7	8	2	3
8	5	4	2	3	1	9	6	7

Puzzle # 15

5	7	2	1	6	8	9	4	3
4	9	3	5	7	2	1	6	8
8	6	1	9	4	3	7	5	2
9	8	6	3	5	4	2	7	1
1	5	4	8	2	7	6	3	9
2	3	7	6	1	9	5	8	4
7	4	9	2	3	5	8	1	6
3	1	8	7	9	6	4	2	5
6	2	5	4	8	1	3	9	7

Puzzle # 16

3	6	7	4	2	8	5	1	9
5	9	2	7	3	1	6	8	4
8	1	4	9	5	6	2	3	7
4	8	5	6	9	7	3	2	1
9	7	6	2	1	3	4	5	8
1	2	3	8	4	5	9	7	6
7	4	9	3	8	2	1	6	5
2	5	8	1	6	4	7	9	3
6	3	1	5	7	9	8	4	2

Puzzle # 17

8	6	7	3	5	2	1	4	9
3	2	5	4	1	9	8	6	7
4	1	9	8	6	7	5	2	3
5	3	1	9	2	8	4	7	6
9	4	8	5	7	6	3	1	2
6	7	2	1	4	3	9	8	5
2	9	4	7	8	5	6	3	1
1	5	6	2	3	4	7	9	8
7	8	3	6	9	1	2	5	4

Puzzle # 18

9	2	4	8	7	3	1	6	5
3	1	5	2	6	9	8	4	7
7	8	6	4	1	5	3	2	9
2	7	8	1	5	6	4	9	3
5	4	1	3	9	2	7	8	6
6	9	3	7	4	8	2	5	1
4	3	9	6	8	7	5	1	2
8	6	2	5	3	1	9	7	4
1	5	7	9	2	4	6	3	8

Puzzle # 19

6	1	4	2	7	8	9	5	3
2	7	5	4	3	9	1	6	8
3	9	8	6	1	5	4	2	7
4	2	1	8	6	3	5	7	9
7	3	6	9	5	1	2	8	4
8	5	9	7	4	2	3	1	6
5	4	7	1	9	6	8	3	2
9	8	3	5	2	7	6	4	1
1	6	2	3	8	4	7	9	5

Puzzle # 20

1	2	6	5	7	4	3	9	8
5	4	8	3	9	2	6	1	7
7	3	9	8	6	1	2	4	5
4	7	2	9	3	6	5	8	1
6	5	1	2	8	7	4	3	9
9	8	3	4	1	5	7	2	6
3	1	5	6	2	8	9	7	4
2	6	7	1	4	9	8	5	3
8	9	4	7	5	3	1	6	2

Puzzle # 21

3	5	7	2	9	6	1	8	4
9	2	6	1	4	8	3	5	7
1	4	8	5	7	3	2	9	6
2	6	4	7	8	5	9	1	3
7	1	5	4	3	9	8	6	2
8	9	3	6	1	2	4	7	5
4	7	2	8	5	1	6	3	9
6	3	1	9	2	7	5	4	8
5	8	9	3	6	4	7	2	1

Puzzle # 22

3	9	6	8	1	7	5	2	4
2	7	8	4	5	9	6	1	3
5	1	4	3	6	2	9	7	8
9	2	7	5	4	6	8	3	1
4	3	1	9	2	8	7	5	6
6	8	5	7	3	1	4	9	2
8	5	2	1	9	4	3	6	7
7	6	9	2	8	3	1	4	5
1	4	3	6	7	5	2	8	9

Puzzle # 23

7	3	2	5	6	4	1	8	9
6	1	4	8	3	9	2	5	7
5	9	8	2	7	1	3	4	6
2	8	6	3	9	7	4	1	5
1	5	9	4	8	2	7	6	3
4	7	3	6	1	5	9	2	8
9	2	5	7	4	6	8	3	1
3	4	7	1	5	8	6	9	2
8	6	1	9	2	3	5	7	4

Puzzle # 24

7	9	4	8	2	6	3	5	1
3	6	8	5	1	7	2	9	4
5	2	1	4	3	9	7	8	6
8	1	5	3	4	2	9	6	7
6	3	9	7	8	5	1	4	2
2	4	7	9	6	1	8	3	5
9	8	6	2	7	4	5	1	3
4	7	3	1	5	8	6	2	9
1	5	2	6	9	3	4	7	8

Puzzle # 25

1	9	7	8	2	4	6	5	3
6	5	8	9	1	3	4	7	2
2	3	4	5	6	7	9	8	1
8	4	5	6	9	2	3	1	7
3	6	9	1	7	5	8	2	4
7	1	2	3	4	8	5	9	6
5	2	3	7	8	6	1	4	9
9	7	6	4	5	1	2	3	8
4	8	1	2	3	9	7	6	5

Puzzle # 26

5	3	7	1	6	2	4	9	8
2	8	4	3	9	7	1	6	5
9	6	1	5	4	8	3	7	2
6	4	3	2	7	5	9	8	1
8	2	9	6	1	3	5	4	7
1	7	5	4	8	9	2	3	6
7	9	2	8	5	4	6	1	3
4	5	6	7	3	1	8	2	9
3	1	8	9	2	6	7	5	4

Puzzle # 27

2	1	3	5	9	4	6	8	7
5	7	6	8	3	1	2	4	9
9	8	4	6	2	7	5	3	1
7	3	9	4	6	8	1	5	2
6	4	5	2	1	3	7	9	8
1	2	8	9	7	5	4	6	3
4	5	1	3	8	2	9	7	6
3	9	2	7	4	6	8	1	5
8	6	7	1	5	9	3	2	4

Puzzle # 28

2	6	9	3	5	7	1	4	8
8	1	7	9	2	4	5	3	6
4	5	3	6	8	1	2	9	7
5	7	6	4	3	9	8	2	1
3	4	8	7	1	2	9	6	5
9	2	1	8	6	5	4	7	3
6	9	5	1	4	3	7	8	2
7	8	2	5	9	6	3	1	4
1	3	4	2	7	8	6	5	9

Puzzle # 29

1	6	8	7	9	4	3	2	5
4	2	7	1	3	5	6	8	9
3	9	5	2	6	8	1	7	4
5	4	9	6	8	2	7	3	1
7	1	2	3	4	9	5	6	8
8	3	6	5	7	1	9	4	2
9	7	1	8	2	3	4	5	6
6	8	4	9	5	7	2	1	3
2	5	3	4	1	6	8	9	7

Puzzle # 30

7	6	8	4	5	1	2	3	9
1	9	4	6	3	2	8	7	5
5	3	2	8	7	9	1	4	6
2	8	7	1	6	4	9	5	3
6	1	3	2	9	5	4	8	7
9	4	5	7	8	3	6	1	2
8	5	9	3	4	6	7	2	1
4	2	6	5	1	7	3	9	8
3	7	1	9	2	8	5	6	4

Puzzle # 31

1	2	7	3	6	9	4	8	5
8	4	9	5	2	7	6	1	3
5	6	3	1	4	8	9	7	2
6	7	5	4	3	1	8	2	9
9	8	4	7	5	2	3	6	1
2	3	1	9	8	6	7	5	4
4	1	6	2	7	3	5	9	8
7	5	2	8	9	4	1	3	6
3	9	8	6	1	5	2	4	7

Puzzle # 32

5	9	1	3	2	6	7	4	8
7	8	4	9	1	5	6	2	3
6	2	3	8	7	4	1	9	5
9	1	5	7	4	2	8	3	6
4	3	6	1	5	8	9	7	2
8	7	2	6	9	3	5	1	4
3	4	7	5	6	9	2	8	1
1	6	8	2	3	7	4	5	9
2	5	9	4	8	1	3	6	7

Puzzle # 33

9	2	4	1	7	6	5	3	8
1	3	7	8	5	2	9	6	4
8	5	6	3	9	4	1	2	7
4	8	2	5	3	9	7	1	6
6	7	5	4	2	1	3	8	9
3	1	9	6	8	7	4	5	2
5	9	1	2	4	8	6	7	3
2	4	3	7	6	5	8	9	1
7	6	8	9	1	3	2	4	5

Puzzle # 34

5	9	6	1	3	2	4	7	8
7	1	3	6	8	4	5	2	9
8	4	2	5	7	9	3	6	1
2	8	5	7	6	3	9	1	4
3	7	9	4	1	5	2	8	6
4	6	1	9	2	8	7	3	5
9	2	7	8	4	1	6	5	3
6	5	8	3	9	7	1	4	2
1	3	4	2	5	6	8	9	7

Puzzle # 35

3	2	1	4	5	7	8	6	9
6	4	7	9	8	3	2	1	5
9	8	5	1	6	2	3	7	4
7	5	6	3	9	1	4	8	2
4	9	8	5	2	6	7	3	1
2	1	3	8	7	4	5	9	6
8	6	4	2	3	9	1	5	7
1	3	9	7	4	5	6	2	8
5	7	2	6	1	8	9	4	3

Puzzle # 36

3	1	8	9	4	2	7	6	5
2	6	7	3	1	5	9	4	8
5	4	9	7	6	8	1	3	2
8	9	2	5	3	7	6	1	4
7	5	6	1	2	4	3	8	9
1	3	4	8	9	6	2	5	7
9	2	5	6	8	1	4	7	3
4	8	1	2	7	3	5	9	6
6	7	3	4	5	9	8	2	1

Puzzle # 37

5	2	3	9	6	1	4	8	7
9	8	1	4	7	2	6	3	5
4	6	7	3	5	8	2	9	1
6	5	4	7	1	9	3	2	8
1	3	9	8	2	5	7	4	6
2	7	8	6	4	3	5	1	9
8	9	5	2	3	6	1	7	4
3	4	6	1	9	7	8	5	2
7	1	2	5	8	4	9	6	3

Puzzle # 38

6	2	5	3	9	7	8	1	4
9	1	7	4	8	2	6	5	3
4	3	8	5	1	6	7	9	2
7	4	2	1	5	8	3	6	9
3	8	9	2	6	4	1	7	5
5	6	1	7	3	9	2	4	8
8	7	4	6	2	5	9	3	1
2	5	3	9	7	1	4	8	6
1	9	6	8	4	3	5	2	7

Puzzle # 39

5	6	9	4	3	8	1	7	2
8	1	2	5	9	7	4	6	3
4	7	3	1	2	6	9	5	8
6	8	4	2	5	9	3	1	7
9	3	1	7	6	4	2	8	5
7	2	5	8	1	3	6	9	4
2	9	6	3	8	5	7	4	1
3	5	7	9	4	1	8	2	6
1	4	8	6	7	2	5	3	9

Puzzle # 40

1	6	8	3	5	9	7	4	2
3	7	2	1	8	4	6	9	5
5	4	9	6	2	7	3	1	8
6	1	3	5	9	2	4	8	7
8	2	7	4	1	6	5	3	9
4	9	5	7	3	8	1	2	6
9	3	1	8	6	5	2	7	4
2	5	4	9	7	3	8	6	1
7	8	6	2	4	1	9	5	3

Puzzle # 41

3	5	2	9	1	7	4	8	6
6	7	4	3	2	8	5	1	9
9	8	1	6	5	4	7	3	2
8	6	9	2	7	1	3	5	4
1	2	7	4	3	5	6	9	8
4	3	5	8	9	6	2	7	1
7	4	3	1	6	9	8	2	5
5	1	6	7	8	2	9	4	3
2	9	8	5	4	3	1	6	7

Puzzle # 42

3	1	9	8	2	5	4	7	6
7	2	8	9	6	4	3	1	5
6	4	5	3	1	7	2	9	8
2	5	7	6	3	1	9	8	4
4	8	3	5	7	9	6	2	1
1	9	6	2	4	8	5	3	7
9	6	4	7	8	2	1	5	3
5	7	1	4	9	3	8	6	2
8	3	2	1	5	6	7	4	9

Puzzle # 43

3	8	1	7	9	2	5	6	4
4	6	2	3	5	8	9	7	1
5	9	7	6	1	4	3	2	8
1	3	9	8	2	6	7	4	5
6	5	4	9	7	1	8	3	2
2	7	8	4	3	5	1	9	6
8	1	3	2	4	7	6	5	9
9	2	5	1	6	3	4	8	7
7	4	6	5	8	9	2	1	3

Puzzle # 44

7	4	5	9	1	3	6	2	8
6	8	2	5	4	7	9	3	1
9	1	3	2	8	6	5	7	4
4	2	8	1	7	5	3	6	9
1	9	6	3	2	8	4	5	7
3	5	7	4	6	9	1	8	2
2	6	1	7	3	4	8	9	5
8	7	9	6	5	1	2	4	3
5	3	4	8	9	2	7	1	6

Puzzle # 45

1	9	4	6	5	8	3	2	7
3	8	5	4	7	2	1	9	6
7	6	2	9	3	1	4	5	8
2	5	9	3	6	7	8	4	1
6	1	7	8	2	4	9	3	5
4	3	8	5	1	9	6	7	2
9	7	6	1	4	5	2	8	3
5	4	1	2	8	3	7	6	9
8	2	3	7	9	6	5	1	4

Puzzle # 46

3	1	6	2	8	7	9	5	4
7	4	9	1	5	3	2	6	8
8	5	2	6	4	9	7	1	3
5	7	3	9	1	4	8	2	6
2	8	4	5	7	6	3	9	1
6	9	1	3	2	8	4	7	5
4	6	8	7	9	1	5	3	2
9	3	5	8	6	2	1	4	7
1	2	7	4	3	5	6	8	9

Puzzle # 47

1	2	9	5	7	4	8	6	3
7	6	4	8	9	3	2	1	5
3	5	8	1	2	6	4	9	7
5	9	2	4	1	8	7	3	6
4	1	7	6	3	2	5	8	9
8	3	6	9	5	7	1	2	4
2	4	1	3	6	5	9	7	8
9	8	3	7	4	1	6	5	2
6	7	5	2	8	9	3	4	1

Puzzle # 48

5	3	8	1	4	9	6	2	7
9	6	2	5	7	8	3	1	4
7	4	1	2	6	3	5	9	8
3	7	4	9	1	6	2	8	5
8	2	6	4	3	5	9	7	1
1	5	9	7	8	2	4	6	3
4	8	5	6	2	7	1	3	9
6	1	7	3	9	4	8	5	2
2	9	3	8	5	1	7	4	6

Puzzle # 49

4	2	1	6	7	8	3	5	9
7	5	8	9	3	1	4	2	6
6	3	9	2	5	4	7	8	1
1	6	4	8	9	7	5	3	2
3	9	5	4	1	2	8	6	7
2	8	7	5	6	3	9	1	4
5	4	2	7	8	6	1	9	3
8	1	6	3	4	9	2	7	5
9	7	3	1	2	5	6	4	8

Puzzle # 50

2	9	1	3	5	6	4	7	8
5	3	6	8	7	4	1	9	2
7	8	4	9	1	2	5	6	3
1	6	5	2	3	7	8	4	9
9	7	2	4	8	5	6	3	1
3	4	8	6	9	1	7	2	5
6	1	3	7	2	8	9	5	4
8	2	7	5	4	9	3	1	6
4	5	9	1	6	3	2	8	7

Puzzle # 51

1	4	9	2	3	6	5	8	7
8	2	5	1	9	7	6	4	3
7	3	6	5	8	4	1	2	9
5	8	7	9	2	1	4	3	6
9	6	3	4	5	8	2	7	1
4	1	2	7	6	3	8	9	5
3	5	1	8	7	2	9	6	4
2	7	4	6	1	9	3	5	8
6	9	8	3	4	5	7	1	2

Puzzle # 52

4	8	7	1	3	9	6	2	5
5	3	6	7	4	2	1	8	9
1	9	2	6	5	8	7	3	4
3	4	5	8	9	7	2	6	1
6	7	8	2	1	4	5	9	3
9	2	1	3	6	5	4	7	8
8	1	4	9	7	6	3	5	2
2	6	3	5	8	1	9	4	7
7	5	9	4	2	3	8	1	6

Puzzle # 53

4	8	2	3	7	5	6	9	1
7	3	9	4	1	6	5	8	2
6	1	5	2	8	9	4	3	7
5	4	8	1	9	3	2	7	6
1	7	3	6	2	8	9	5	4
2	9	6	7	5	4	3	1	8
3	5	4	8	6	1	7	2	9
8	6	7	9	3	2	1	4	5
9	2	1	5	4	7	8	6	3

Puzzle # 54

9	6	4	2	3	5	7	1	8
8	1	7	9	4	6	2	3	5
5	3	2	1	7	8	6	9	4
2	9	6	5	1	4	8	7	3
3	8	5	6	2	7	1	4	9
7	4	1	3	8	9	5	2	6
4	2	9	8	5	1	3	6	7
6	5	3	7	9	2	4	8	1
1	7	8	4	6	3	9	5	2

Puzzle # 55

5	8	9	4	2	1	3	6	7
1	2	7	6	9	3	5	4	8
6	3	4	7	8	5	2	1	9
3	9	1	8	6	2	4	7	5
4	5	6	3	1	7	9	8	2
8	7	2	5	4	9	6	3	1
9	6	8	1	5	4	7	2	3
7	4	5	2	3	8	1	9	6
2	1	3	9	7	6	8	5	4

Puzzle # 56

7	3	8	6	2	9	4	1	5
1	6	5	4	7	3	2	9	8
2	9	4	5	8	1	6	3	7
5	1	2	9	3	6	8	7	4
4	8	3	7	1	5	9	6	2
9	7	6	8	4	2	1	5	3
8	5	9	3	6	4	7	2	1
3	4	1	2	9	7	5	8	6
6	2	7	1	5	8	3	4	9

Puzzle # 57

7	4	6	2	3	1	5	9	8
2	9	3	5	8	7	6	4	1
1	8	5	6	9	4	7	3	2
5	3	1	8	4	9	2	6	7
6	7	9	3	5	2	1	8	4
4	2	8	1	7	6	9	5	3
9	6	4	7	1	3	8	2	5
8	1	2	4	6	5	3	7	9
3	5	7	9	2	8	4	1	6

Puzzle # 58

1	3	9	5	4	8	7	2	6
8	2	4	6	7	9	1	5	3
7	6	5	3	2	1	8	4	9
4	1	8	9	3	5	2	6	7
3	7	6	4	8	2	9	1	5
5	9	2	7	1	6	4	3	8
2	5	7	1	9	3	6	8	4
6	4	1	8	5	7	3	9	2
9	8	3	2	6	4	5	7	1

Puzzle # 59

3	6	8	2	1	5	9	4	7
2	9	1	4	8	7	3	5	6
7	4	5	9	3	6	8	2	1
6	1	9	7	5	4	2	3	8
5	7	4	3	2	8	1	6	9
8	3	2	6	9	1	4	7	5
1	2	7	8	6	3	5	9	4
9	8	6	5	4	2	7	1	3
4	5	3	1	7	9	6	8	2

Puzzle # 60

4	3	5	9	6	8	2	1	7
9	7	6	1	2	4	8	3	5
2	8	1	3	7	5	4	9	6
1	2	9	5	3	6	7	8	4
6	4	8	7	9	2	3	5	1
7	5	3	8	4	1	6	2	9
3	9	4	2	5	7	1	6	8
5	1	7	6	8	3	9	4	2
8	6	2	4	1	9	5	7	3

Puzzle # 61

7	9	6	2	4	1	3	8	5
1	2	5	3	9	8	7	6	4
8	4	3	7	6	5	9	1	2
6	8	9	4	2	3	5	7	1
5	7	2	9	1	6	8	4	3
4	3	1	5	8	7	2	9	6
2	6	7	8	3	4	1	5	9
9	1	8	6	5	2	4	3	7
3	5	4	1	7	9	6	2	8

Puzzle # 62

6	3	9	2	1	5	8	4	7
1	7	8	6	4	3	5	9	2
5	2	4	8	7	9	6	1	3
2	8	5	3	9	1	7	6	4
4	1	7	5	6	2	9	3	8
3	9	6	4	8	7	2	5	1
8	5	2	9	3	4	1	7	6
7	6	3	1	5	8	4	2	9
9	4	1	7	2	6	3	8	5

Puzzle # 63

6	2	7	1	5	9	8	4	3
3	5	4	6	7	8	2	1	9
8	9	1	3	2	4	7	6	5
2	1	8	4	9	6	3	5	7
9	4	3	5	8	7	6	2	1
5	7	6	2	1	3	9	8	4
4	8	5	9	3	2	1	7	6
7	6	9	8	4	1	5	3	2
1	3	2	7	6	5	4	9	8

Puzzle # 64

6	4	7	8	2	9	1	3	5
2	3	5	6	7	1	9	4	8
8	1	9	4	3	5	6	2	7
3	2	1	7	5	8	4	6	9
4	5	8	9	6	3	2	7	1
9	7	6	2	1	4	8	5	3
1	6	4	3	8	7	5	9	2
5	9	3	1	4	2	7	8	6
7	8	2	5	9	6	3	1	4

Puzzle # 65

1	9	7	2	4	8	3	6	5
8	3	2	5	1	6	9	7	4
5	6	4	7	3	9	8	1	2
6	5	1	4	8	7	2	3	9
7	2	3	9	5	1	6	4	8
9	4	8	3	6	2	7	5	1
3	8	6	1	9	5	4	2	7
2	1	9	6	7	4	5	8	3
4	7	5	8	2	3	1	9	6

Puzzle # 66

1	5	4	7	9	6	8	3	2
9	8	3	2	4	5	7	6	1
6	7	2	1	3	8	4	9	5
7	1	8	4	6	2	9	5	3
4	6	9	3	5	7	1	2	8
2	3	5	9	8	1	6	7	4
3	4	1	5	7	9	2	8	6
5	9	6	8	2	4	3	1	7
8	2	7	6	1	3	5	4	9

Puzzle # 67

8	9	4	2	5	6	3	7	1
5	6	1	3	8	7	9	2	4
7	3	2	1	4	9	6	8	5
6	8	3	5	7	2	1	4	9
1	2	7	4	9	3	5	6	8
9	4	5	6	1	8	7	3	2
4	1	6	8	3	5	2	9	7
2	5	9	7	6	4	8	1	3
3	7	8	9	2	1	4	5	6

Puzzle # 68

7	8	3	4	2	1	6	5	9
1	6	5	9	7	3	8	2	4
9	2	4	5	8	6	1	7	3
3	5	9	1	4	2	7	6	8
4	7	8	6	3	5	2	9	1
2	1	6	8	9	7	3	4	5
5	3	1	2	6	4	9	8	7
8	4	2	7	1	9	5	3	6
6	9	7	3	5	8	4	1	2

Puzzle # 69

3	9	5	1	2	7	6	4	8
6	4	1	5	8	9	2	3	7
7	8	2	3	6	4	1	9	5
1	5	6	4	9	3	8	7	2
4	3	7	2	1	8	5	6	9
9	2	8	6	7	5	4	1	3
2	7	4	8	3	1	9	5	6
8	1	9	7	5	6	3	2	4
5	6	3	9	4	2	7	8	1

Puzzle # 70

6	2	3	1	9	4	7	8	5
5	1	7	3	2	8	9	4	6
4	9	8	7	6	5	2	1	3
2	7	9	5	8	1	6	3	4
3	8	4	6	7	9	5	2	1
1	6	5	2	4	3	8	7	9
9	3	6	8	1	2	4	5	7
7	5	2	4	3	6	1	9	8
8	4	1	9	5	7	3	6	2

Puzzle # 71

1	8	3	4	9	6	5	2	7
5	9	2	1	3	7	8	6	4
6	4	7	2	5	8	9	1	3
7	2	6	8	4	9	3	5	1
9	5	4	3	2	1	6	7	8
3	1	8	6	7	5	2	4	9
8	7	5	9	6	4	1	3	2
4	3	9	5	1	2	7	8	6
2	6	1	7	8	3	4	9	5

Puzzle # 72

5	4	7	1	3	6	2	8	9
8	1	3	9	2	5	4	7	6
2	9	6	4	8	7	5	3	1
9	6	1	2	4	8	7	5	3
3	2	5	6	7	1	8	9	4
4	7	8	5	9	3	6	1	2
1	3	4	7	5	2	9	6	8
7	8	9	3	6	4	1	2	5
6	5	2	8	1	9	3	4	7

Puzzle # 73

2	4	9	1	5	3	6	7	8
8	1	6	9	4	7	5	3	2
3	5	7	6	2	8	1	4	9
5	6	3	8	1	4	9	2	7
4	2	1	3	7	9	8	5	6
7	9	8	5	6	2	3	1	4
9	7	5	2	3	6	4	8	1
6	3	4	7	8	1	2	9	5
1	8	2	4	9	5	7	6	3

Puzzle # 74

8	7	1	2	6	3	5	4	9
3	2	5	1	9	4	8	6	7
4	6	9	8	7	5	2	3	1
7	5	4	3	2	9	1	8	6
6	8	3	4	1	7	9	2	5
9	1	2	6	5	8	4	7	3
1	4	7	5	8	6	3	9	2
2	3	6	9	4	1	7	5	8
5	9	8	7	3	2	6	1	4

Puzzle # 75

4	5	2	3	6	9	8	7	1
6	7	1	8	4	5	9	3	2
8	9	3	1	2	7	6	5	4
2	4	5	7	3	8	1	9	6
7	3	6	9	1	4	2	8	5
9	1	8	2	5	6	3	4	7
3	8	4	6	7	2	5	1	9
1	6	7	5	9	3	4	2	8
5	2	9	4	8	1	7	6	3

Puzzle # 76

6	2	9	4	5	8	1	3	7
3	1	8	6	7	9	2	5	4
4	5	7	2	1	3	9	8	6
7	4	3	1	6	2	8	9	5
5	8	1	9	3	4	6	7	2
9	6	2	5	8	7	4	1	3
1	3	4	7	9	6	5	2	8
2	7	5	8	4	1	3	6	9
8	9	6	3	2	5	7	4	1

Puzzle # 77

4	5	8	3	6	2	9	7	1
1	7	3	4	8	9	2	5	6
6	2	9	5	7	1	8	4	3
3	4	7	9	1	6	5	8	2
5	9	6	2	3	8	4	1	7
2	8	1	7	4	5	3	6	9
7	1	2	8	5	3	6	9	4
8	3	4	6	9	7	1	2	5
9	6	5	1	2	4	7	3	8

Puzzle # 78

9	6	4	3	7	8	5	2	1
5	3	7	1	2	6	8	9	4
8	1	2	9	4	5	3	7	6
3	5	8	6	9	1	7	4	2
1	7	9	4	8	2	6	3	5
2	4	6	5	3	7	9	1	8
4	9	5	8	1	3	2	6	7
6	2	1	7	5	9	4	8	3
7	8	3	2	6	4	1	5	9

Puzzle # 79

8	1	3	2	7	9	6	4	5
7	9	4	6	5	8	2	1	3
2	5	6	4	1	3	9	7	8
3	4	2	7	8	1	5	6	9
9	7	1	5	6	2	3	8	4
5	6	8	3	9	4	1	2	7
6	2	9	8	4	5	7	3	1
4	3	5	1	2	7	8	9	6
1	8	7	9	3	6	4	5	2

Puzzle # 80

2	8	7	1	3	6	5	4	9
5	1	4	7	2	9	8	3	6
6	3	9	5	4	8	1	7	2
3	9	6	4	8	1	7	2	5
7	4	5	2	9	3	6	1	8
1	2	8	6	5	7	4	9	3
4	5	3	8	7	2	9	6	1
9	7	1	3	6	5	2	8	4
8	6	2	9	1	4	3	5	7

Puzzle # 81

7	6	2	1	4	5	9	8	3
8	9	4	3	2	7	5	1	6
1	5	3	8	6	9	2	7	4
6	2	9	5	1	4	8	3	7
4	7	8	2	9	3	1	6	5
5	3	1	7	8	6	4	2	9
2	4	7	9	3	8	6	5	1
9	1	5	6	7	2	3	4	8
3	8	6	4	5	1	7	9	2

Puzzle # 82

2	4	9	5	1	7	6	3	8
5	7	1	6	3	8	9	2	4
6	3	8	2	9	4	5	7	1
7	8	3	9	5	2	4	1	6
9	2	6	4	7	1	3	8	5
1	5	4	3	8	6	2	9	7
3	9	7	1	6	5	8	4	2
8	6	2	7	4	3	1	5	9
4	1	5	8	2	9	7	6	3

Puzzle # 83

3	9	1	6	5	7	2	8	4
6	8	4	3	1	2	5	9	7
5	2	7	8	9	4	3	1	6
1	5	2	9	6	3	7	4	8
9	7	8	4	2	5	6	3	1
4	3	6	1	7	8	9	2	5
7	1	3	5	4	9	8	6	2
8	4	5	2	3	6	1	7	9
2	6	9	7	8	1	4	5	3

Puzzle # 84

6	5	4	7	2	9	3	1	8
2	3	9	8	4	1	5	7	6
7	1	8	5	6	3	4	2	9
5	9	3	6	7	8	1	4	2
4	7	1	9	5	2	6	8	3
8	2	6	1	3	4	7	9	5
3	6	2	4	8	7	9	5	1
9	4	5	2	1	6	8	3	7
1	8	7	3	9	5	2	6	4

Puzzle # 85

3	4	8	6	7	1	5	2	9
2	5	7	9	8	3	6	4	1
9	1	6	5	2	4	7	8	3
4	3	2	8	5	9	1	6	7
7	6	1	3	4	2	8	9	5
5	8	9	1	6	7	2	3	4
8	7	3	4	1	6	9	5	2
1	9	5	2	3	8	4	7	6
6	2	4	7	9	5	3	1	8

Puzzle # 86

7	8	4	3	1	5	9	2	6
1	3	2	6	4	9	7	8	5
9	6	5	8	2	7	4	3	1
3	4	8	7	6	2	1	5	9
5	7	9	1	3	4	2	6	8
6	2	1	9	5	8	3	7	4
4	1	3	5	7	6	8	9	2
8	5	7	2	9	1	6	4	3
2	9	6	4	8	3	5	1	7

Puzzle # 87

5	2	3	7	4	1	6	9	8
9	1	4	3	6	8	2	5	7
6	8	7	9	2	5	3	4	1
3	4	6	8	5	7	9	1	2
8	9	5	1	3	2	4	7	6
1	7	2	4	9	6	8	3	5
7	6	9	2	1	3	5	8	4
2	3	1	5	8	4	7	6	9
4	5	8	6	7	9	1	2	3

Puzzle # 88

5	1	7	8	6	2	3	4	9
6	2	4	9	7	3	8	5	1
9	8	3	5	4	1	2	6	7
3	5	2	7	1	9	4	8	6
1	9	6	4	2	8	5	7	3
4	7	8	6	3	5	1	9	2
7	4	1	2	8	6	9	3	5
8	3	5	1	9	7	6	2	4
2	6	9	3	5	4	7	1	8

Puzzle # 89

5	6	4	1	7	9	8	2	3
2	9	1	3	8	5	4	6	7
8	7	3	6	2	4	5	9	1
7	1	2	5	4	6	9	3	8
6	3	8	9	1	2	7	4	5
4	5	9	8	3	7	2	1	6
1	4	7	2	5	3	6	8	9
9	8	5	4	6	1	3	7	2
3	2	6	7	9	8	1	5	4

Puzzle # 90

7	1	6	9	2	8	5	4	3
8	9	4	3	1	5	7	6	2
2	5	3	7	4	6	8	1	9
4	3	9	6	5	2	1	7	8
5	8	7	4	9	1	3	2	6
1	6	2	8	3	7	9	5	4
9	2	1	5	8	4	6	3	7
3	7	5	2	6	9	4	8	1
6	4	8	1	7	3	2	9	5

Puzzle # 91

1	2	9	8	6	3	7	4	5
6	3	7	1	4	5	9	2	8
8	4	5	9	2	7	6	3	1
2	5	8	6	9	4	1	7	3
4	9	3	7	1	8	2	5	6
7	1	6	5	3	2	8	9	4
9	7	4	3	8	1	5	6	2
3	6	1	2	5	9	4	8	7
5	8	2	4	7	6	3	1	9

Puzzle # 92

1	7	9	8	3	6	2	5	4
4	8	5	1	2	9	7	3	6
6	2	3	4	5	7	8	1	9
9	5	6	3	8	2	1	4	7
2	1	7	9	6	4	5	8	3
3	4	8	7	1	5	9	6	2
5	6	1	2	9	3	4	7	8
7	3	2	5	4	8	6	9	1
8	9	4	6	7	1	3	2	5

Puzzle # 93

5	3	2	9	8	1	4	7	6
8	6	9	7	4	3	2	5	1
4	1	7	5	2	6	3	8	9
9	8	5	6	3	4	1	2	7
1	2	3	8	7	9	6	4	5
6	7	4	1	5	2	8	9	3
3	9	8	4	6	5	7	1	2
2	4	1	3	9	7	5	6	8
7	5	6	2	1	8	9	3	4

Puzzle # 94

5	1	6	7	9	8	2	4	3
4	3	7	5	6	2	9	1	8
9	8	2	4	3	1	7	5	6
2	6	4	8	5	7	1	3	9
1	5	9	2	4	3	6	8	7
3	7	8	9	1	6	5	2	4
7	2	5	6	8	4	3	9	1
6	4	3	1	2	9	8	7	5
8	9	1	3	7	5	4	6	2

Puzzle # 95

7	8	9	6	2	5	3	1	4
4	2	1	3	8	9	7	5	6
5	6	3	1	7	4	9	2	8
1	3	4	2	9	8	5	6	7
6	7	2	4	5	3	1	8	9
8	9	5	7	1	6	4	3	2
3	4	7	5	6	2	8	9	1
2	1	8	9	3	7	6	4	5
9	5	6	8	4	1	2	7	3

Puzzle # 96

3	1	9	7	5	6	4	2	8
8	2	7	9	1	4	5	6	3
5	4	6	8	2	3	1	9	7
7	5	1	2	4	8	6	3	9
6	3	8	5	9	1	7	4	2
2	9	4	3	6	7	8	5	1
4	6	3	1	8	2	9	7	5
1	7	5	4	3	9	2	8	6
9	8	2	6	7	5	3	1	4

Puzzle # 97

7	1	4	8	3	5	6	2	9
5	2	9	6	4	7	8	1	3
3	6	8	9	2	1	4	7	5
1	4	3	7	6	8	9	5	2
6	8	2	3	5	9	1	4	7
9	7	5	4	1	2	3	8	6
8	3	1	2	7	6	5	9	4
2	5	6	1	9	4	7	3	8
4	9	7	5	8	3	2	6	1

Puzzle # 98

7	2	5	4	6	8	1	3	9
1	8	6	5	9	3	2	7	4
9	4	3	1	7	2	5	8	6
4	1	2	7	3	6	9	5	8
3	9	7	8	1	5	4	6	2
6	5	8	9	2	4	3	1	7
5	7	4	3	8	9	6	2	1
2	3	1	6	4	7	8	9	5
8	6	9	2	5	1	7	4	3

Puzzle # 99

6	3	9	5	8	1	7	2	4
7	4	2	3	9	6	1	5	8
1	5	8	7	4	2	9	6	3
3	2	4	1	6	8	5	9	7
9	6	7	4	5	3	8	1	2
5	8	1	9	2	7	3	4	6
4	9	6	8	7	5	2	3	1
2	7	3	6	1	9	4	8	5
8	1	5	2	3	4	6	7	9

Puzzle # 100

3	5	1	7	2	6	4	8	9
9	4	8	5	3	1	6	7	2
2	6	7	9	4	8	5	3	1
6	2	3	1	5	4	8	9	7
5	1	4	8	7	9	2	6	3
7	8	9	3	6	2	1	5	4
4	9	2	6	8	7	3	1	5
1	3	6	4	9	5	7	2	8
8	7	5	2	1	3	9	4	6

Puzzle # 101

4	8	1	3	6	7	9	5	2
2	6	7	9	4	5	1	8	3
3	9	5	1	2	8	6	4	7
8	2	6	5	9	1	7	3	4
5	7	9	6	3	4	2	1	8
1	4	3	7	8	2	5	6	9
7	5	4	8	1	9	3	2	6
6	1	8	2	7	3	4	9	5
9	3	2	4	5	6	8	7	1

Puzzle # 102

8	6	9	1	5	3	4	2	7
4	1	5	6	7	2	3	9	8
3	2	7	4	9	8	1	6	5
6	4	3	9	8	1	7	5	2
1	7	8	2	3	5	9	4	6
9	5	2	7	4	6	8	3	1
5	3	1	8	2	9	6	7	4
2	8	4	3	6	7	5	1	9
7	9	6	5	1	4	2	8	3

Puzzle # 103

5	7	1	2	9	6	3	4	8
6	2	9	3	8	4	1	7	5
3	4	8	1	7	5	2	9	6
2	6	7	9	4	1	5	8	3
9	5	4	8	3	2	6	1	7
8	1	3	5	6	7	4	2	9
4	3	6	7	2	9	8	5	1
1	9	2	6	5	8	7	3	4
7	8	5	4	1	3	9	6	2

Puzzle # 104

6	8	4	5	9	7	3	1	2
5	2	9	3	4	1	6	8	7
7	3	1	2	8	6	9	4	5
4	9	7	6	1	5	8	2	3
8	5	2	9	7	3	1	6	4
3	1	6	8	2	4	7	5	9
1	6	3	7	5	2	4	9	8
2	4	8	1	3	9	5	7	6
9	7	5	4	6	8	2	3	1

Puzzle # 105

6	5	8	3	2	7	9	1	4
9	1	4	6	8	5	7	2	3
2	7	3	9	1	4	8	6	5
5	3	7	8	9	6	1	4	2
1	2	6	7	4	3	5	9	8
8	4	9	2	5	1	6	3	7
3	9	2	5	6	8	4	7	1
4	6	5	1	7	2	3	8	9
7	8	1	4	3	9	2	5	6

Puzzle # 106

8	9	4	6	7	2	1	5	3
6	5	7	3	4	1	2	9	8
3	1	2	9	8	5	6	7	4
7	2	1	5	3	8	4	6	9
4	8	3	2	6	9	7	1	5
5	6	9	4	1	7	8	3	2
2	4	5	1	9	6	3	8	7
9	7	6	8	2	3	5	4	1
1	3	8	7	5	4	9	2	6

Puzzle # 107

5	7	9	4	8	6	2	3	1
8	2	4	5	3	1	6	9	7
6	1	3	9	7	2	4	5	8
2	9	8	7	6	5	1	4	3
3	6	7	2	1	4	5	8	9
4	5	1	3	9	8	7	6	2
1	3	5	8	4	7	9	2	6
7	8	2	6	5	9	3	1	4
9	4	6	1	2	3	8	7	5

Puzzle # 108

8	5	4	7	6	2	1	9	3
3	6	7	9	8	1	4	2	5
1	2	9	3	4	5	8	6	7
2	7	3	1	9	6	5	8	4
4	9	8	5	3	7	6	1	2
5	1	6	4	2	8	7	3	9
7	3	2	6	1	4	9	5	8
6	8	5	2	7	9	3	4	1
9	4	1	8	5	3	2	7	6

Puzzle # 109

6	4	3	2	1	5	7	9	8
8	1	5	7	3	9	2	6	4
7	9	2	8	6	4	5	3	1
9	6	1	4	5	7	8	2	3
5	8	7	3	9	2	4	1	6
2	3	4	1	8	6	9	5	7
3	2	6	5	4	8	1	7	9
1	7	8	9	2	3	6	4	5
4	5	9	6	7	1	3	8	2

Puzzle # 110

6	1	5	7	3	9	2	4	8
7	8	3	2	6	4	5	1	9
9	2	4	8	1	5	6	3	7
4	6	9	3	5	1	7	8	2
3	5	8	4	7	2	1	9	6
1	7	2	9	8	6	3	5	4
2	4	1	6	9	3	8	7	5
5	9	7	1	2	8	4	6	3
8	3	6	5	4	7	9	2	1

Puzzle # 111

9	3	7	8	4	2	5	1	6
6	2	4	5	1	3	8	7	9
8	5	1	9	6	7	2	4	3
1	4	9	2	3	8	7	6	5
2	7	5	1	9	6	4	3	8
3	6	8	4	7	5	1	9	2
5	9	3	7	2	1	6	8	4
7	8	6	3	5	4	9	2	1
4	1	2	6	8	9	3	5	7

Puzzle # 112

3	2	6	8	9	5	4	1	7
9	8	7	2	1	4	6	5	3
5	1	4	6	3	7	8	2	9
2	3	8	9	7	6	5	4	1
6	4	1	3	5	8	9	7	2
7	9	5	1	4	2	3	8	6
1	5	2	4	6	9	7	3	8
8	7	9	5	2	3	1	6	4
4	6	3	7	8	1	2	9	5

Puzzle # 113

1	8	2	6	9	3	5	7	4
3	5	7	4	1	8	6	9	2
9	4	6	7	2	5	8	3	1
6	9	3	8	4	7	2	1	5
4	1	8	3	5	2	9	6	7
7	2	5	1	6	9	3	4	8
2	6	9	5	7	4	1	8	3
8	7	1	2	3	6	4	5	9
5	3	4	9	8	1	7	2	6

Puzzle # 114

4	6	3	2	7	9	5	1	8
8	9	1	4	3	5	2	6	7
7	2	5	1	6	8	9	4	3
9	3	2	7	5	4	1	8	6
5	4	8	6	9	1	3	7	2
6	1	7	8	2	3	4	9	5
1	7	6	3	4	2	8	5	9
2	5	4	9	8	7	6	3	1
3	8	9	5	1	6	7	2	4

Puzzle # 115

2	5	1	4	7	3	9	6	8
6	7	4	9	5	8	1	2	3
3	8	9	6	1	2	4	7	5
4	2	6	5	9	7	3	8	1
1	9	7	3	8	6	2	5	4
8	3	5	1	2	4	6	9	7
9	1	8	2	3	5	7	4	6
7	4	2	8	6	1	5	3	9
5	6	3	7	4	9	8	1	2

Puzzle # 116

3	4	7	6	8	2	9	1	5
8	5	9	4	3	1	2	6	7
2	6	1	5	9	7	8	3	4
6	9	5	3	2	4	1	7	8
4	1	3	7	5	8	6	2	9
7	2	8	1	6	9	4	5	3
5	7	4	9	1	6	3	8	2
1	3	2	8	4	5	7	9	6
9	8	6	2	7	3	5	4	1

Puzzle # 117

2	8	7	4	6	1	9	5	3
1	3	9	8	5	2	6	4	7
6	5	4	7	3	9	2	1	8
4	1	3	5	9	7	8	6	2
7	9	8	1	2	6	5	3	4
5	2	6	3	8	4	1	7	9
9	4	1	2	7	5	3	8	6
8	6	5	9	4	3	7	2	1
3	7	2	6	1	8	4	9	5

Puzzle # 118

5	3	8	7	4	6	2	1	9
2	6	4	1	9	3	7	5	8
7	1	9	8	5	2	6	3	4
6	2	3	4	8	9	5	7	1
9	4	5	2	7	1	3	8	6
8	7	1	6	3	5	9	4	2
3	5	2	9	1	4	8	6	7
1	9	7	5	6	8	4	2	3
4	8	6	3	2	7	1	9	5

Puzzle # 119

2	6	1	3	8	7	4	9	5
9	3	8	6	5	4	2	1	7
4	7	5	9	1	2	8	6	3
8	9	7	4	2	3	1	5	6
5	1	2	7	6	8	3	4	9
6	4	3	5	9	1	7	8	2
3	8	9	2	4	6	5	7	1
7	5	4	1	3	9	6	2	8
1	2	6	8	7	5	9	3	4

Puzzle # 120

3	6	8	5	1	9	4	7	2
4	1	9	2	3	7	8	6	5
2	5	7	4	8	6	3	9	1
7	3	1	6	9	5	2	4	8
9	8	4	3	2	1	6	5	7
5	2	6	7	4	8	9	1	3
6	4	5	8	7	3	1	2	9
1	7	3	9	6	2	5	8	4
8	9	2	1	5	4	7	3	6

Puzzle # 121

3	9	8	1	5	2	6	7	4
2	5	7	9	4	6	8	3	1
6	4	1	8	7	3	5	9	2
7	3	4	5	1	9	2	6	8
8	2	6	4	3	7	9	1	5
9	1	5	2	6	8	3	4	7
5	7	9	3	2	1	4	8	6
1	8	2	6	9	4	7	5	3
4	6	3	7	8	5	1	2	9

Puzzle # 122

7	6	9	1	5	3	4	8	2
4	1	3	2	7	8	6	5	9
2	5	8	4	6	9	3	1	7
8	4	5	6	2	7	9	3	1
6	3	2	5	9	1	8	7	4
1	9	7	3	8	4	5	2	6
3	7	6	8	4	2	1	9	5
9	8	4	7	1	5	2	6	3
5	2	1	9	3	6	7	4	8

Puzzle # 123

2	7	6	4	9	3	8	1	5
1	9	3	8	2	5	7	6	4
5	8	4	7	6	1	2	9	3
6	2	8	5	1	7	4	3	9
4	1	9	6	3	8	5	2	7
3	5	7	2	4	9	1	8	6
9	4	1	3	7	2	6	5	8
7	3	5	1	8	6	9	4	2
8	6	2	9	5	4	3	7	1

Puzzle # 124

4	8	3	5	9	1	7	6	2
5	9	2	4	7	6	8	1	3
1	6	7	2	8	3	4	9	5
7	1	8	6	2	4	3	5	9
2	3	9	7	5	8	1	4	6
6	5	4	3	1	9	2	7	8
3	2	6	1	4	5	9	8	7
9	4	5	8	3	7	6	2	1
8	7	1	9	6	2	5	3	4

Puzzle # 125

9	5	3	8	7	2	4	6	1
7	6	4	3	5	1	2	9	8
2	8	1	4	9	6	7	5	3
6	4	5	2	1	9	8	3	7
3	2	9	7	8	5	1	4	6
1	7	8	6	3	4	9	2	5
5	3	2	1	4	8	6	7	9
4	1	7	9	6	3	5	8	2
8	9	6	5	2	7	3	1	4

Puzzle # 126

6	2	1	8	9	7	5	3	4
9	3	8	5	1	4	2	7	6
7	5	4	3	2	6	8	9	1
8	9	7	4	5	1	6	2	3
5	1	6	2	3	9	4	8	7
2	4	3	6	7	8	9	1	5
1	6	2	7	8	5	3	4	9
3	7	5	9	4	2	1	6	8
4	8	9	1	6	3	7	5	2

Puzzle # 127

4	6	1	5	3	9	8	7	2
7	9	5	2	8	6	3	4	1
2	3	8	4	7	1	5	6	9
8	4	9	1	6	7	2	3	5
5	2	6	8	4	3	9	1	7
1	7	3	9	5	2	6	8	4
3	1	2	7	9	8	4	5	6
6	5	7	3	2	4	1	9	8
9	8	4	6	1	5	7	2	3

Puzzle # 128

1	3	2	6	7	9	4	5	8
4	9	8	1	3	5	7	6	2
6	5	7	4	8	2	9	3	1
5	8	4	9	6	1	3	2	7
9	6	3	7	2	4	1	8	5
2	7	1	3	5	8	6	4	9
8	4	9	5	1	3	2	7	6
3	2	6	8	9	7	5	1	4
7	1	5	2	4	6	8	9	3

Puzzle # 129

2	6	7	4	5	1	9	8	3
1	9	3	8	7	2	5	4	6
4	5	8	3	6	9	1	2	7
6	3	2	9	1	8	7	5	4
8	7	9	5	3	4	2	6	1
5	4	1	7	2	6	3	9	8
3	1	4	6	9	5	8	7	2
7	8	5	2	4	3	6	1	9
9	2	6	1	8	7	4	3	5

Puzzle # 130

4	3	2	9	5	6	1	7	8
7	5	8	2	3	1	9	6	4
9	1	6	8	7	4	3	2	5
3	7	5	1	4	2	6	8	9
2	6	1	5	9	8	4	3	7
8	4	9	7	6	3	2	5	1
1	2	7	3	8	9	5	4	6
6	8	3	4	1	5	7	9	2
5	9	4	6	2	7	8	1	3

Puzzle # 131

2	8	4	5	9	3	1	7	6
1	7	3	4	2	6	9	5	8
9	6	5	8	7	1	2	3	4
4	3	8	2	1	9	5	6	7
5	9	6	3	4	7	8	2	1
7	2	1	6	5	8	4	9	3
6	5	9	1	3	4	7	8	2
3	1	7	9	8	2	6	4	5
8	4	2	7	6	5	3	1	9

Puzzle # 132

8	7	3	2	6	5	9	1	4
1	6	9	7	3	4	2	8	5
4	2	5	8	1	9	3	7	6
2	3	7	6	5	1	4	9	8
9	8	6	4	2	3	7	5	1
5	4	1	9	8	7	6	2	3
3	9	4	5	7	8	1	6	2
6	1	8	3	9	2	5	4	7
7	5	2	1	4	6	8	3	9

Puzzle # 133

5	4	3	9	7	2	6	1	8
9	7	8	6	1	5	4	3	2
6	1	2	4	3	8	5	9	7
4	9	7	1	6	3	2	8	5
2	5	1	8	4	9	3	7	6
3	8	6	2	5	7	9	4	1
1	6	9	5	8	4	7	2	3
7	2	5	3	9	1	8	6	4
8	3	4	7	2	6	1	5	9

Puzzle # 134

8	6	9	5	4	3	7	2	1
5	1	3	6	7	2	8	4	9
2	4	7	9	1	8	6	5	3
4	7	8	1	2	5	9	3	6
6	3	5	7	8	9	2	1	4
1	9	2	3	6	4	5	8	7
3	8	1	2	9	6	4	7	5
7	2	6	4	5	1	3	9	8
9	5	4	8	3	7	1	6	2

Puzzle # 135

7	8	4	1	6	5	3	9	2
1	5	2	3	9	8	7	4	6
6	9	3	2	4	7	5	8	1
4	1	6	7	3	9	2	5	8
9	7	5	8	2	4	6	1	3
3	2	8	6	5	1	4	7	9
5	3	9	4	8	6	1	2	7
8	6	1	5	7	2	9	3	4
2	4	7	9	1	3	8	6	5

Puzzle # 136

1	2	6	5	3	9	8	4	7
7	8	4	6	1	2	3	5	9
9	3	5	4	7	8	2	1	6
8	6	2	1	4	7	9	3	5
5	1	7	2	9	3	6	8	4
3	4	9	8	6	5	1	7	2
2	7	8	9	5	1	4	6	3
4	9	3	7	8	6	5	2	1
6	5	1	3	2	4	7	9	8

Puzzle # 137

5	4	1	2	8	7	9	6	3
6	7	9	3	1	4	2	5	8
3	8	2	6	9	5	4	1	7
7	9	4	1	5	8	6	3	2
8	3	5	4	6	2	7	9	1
1	2	6	9	7	3	8	4	5
9	1	3	7	2	6	5	8	4
2	6	8	5	4	1	3	7	9
4	5	7	8	3	9	1	2	6

Puzzle # 138

5	9	2	1	6	8	3	4	7
3	6	7	2	9	4	5	8	1
1	4	8	7	3	5	6	9	2
7	8	9	3	4	2	1	6	5
4	3	1	6	5	7	9	2	8
2	5	6	9	8	1	4	7	3
9	2	5	8	1	6	7	3	4
8	1	3	4	7	9	2	5	6
6	7	4	5	2	3	8	1	9

Puzzle # 139

1	7	5	9	3	8	6	2	4
3	8	2	4	6	5	9	7	1
6	9	4	1	2	7	8	3	5
7	4	3	6	9	1	2	5	8
5	1	6	7	8	2	3	4	9
9	2	8	3	5	4	1	6	7
2	6	7	8	4	9	5	1	3
4	3	9	5	1	6	7	8	2
8	5	1	2	7	3	4	9	6

Puzzle # 140

3	1	7	4	8	6	2	9	5
6	8	5	9	3	2	1	7	4
2	9	4	7	1	5	6	3	8
9	6	2	3	5	4	7	8	1
7	3	1	2	6	8	4	5	9
4	5	8	1	9	7	3	6	2
5	4	9	6	2	3	8	1	7
8	2	6	5	7	1	9	4	3
1	7	3	8	4	9	5	2	6

Puzzle # 141

4	6	1	2	7	8	9	5	3
3	9	7	5	6	1	8	2	4
5	8	2	4	3	9	6	7	1
9	1	6	3	4	2	7	8	5
2	3	5	9	8	7	1	4	6
8	7	4	6	1	5	3	9	2
1	5	3	7	9	4	2	6	8
6	2	9	8	5	3	4	1	7
7	4	8	1	2	6	5	3	9

Puzzle # 142

2	8	6	5	3	4	9	7	1
3	1	7	2	8	9	6	4	5
4	9	5	1	6	7	2	8	3
8	7	1	4	9	6	5	3	2
6	3	4	7	5	2	1	9	8
9	5	2	8	1	3	7	6	4
5	2	9	6	4	8	3	1	7
7	6	8	3	2	1	4	5	9
1	4	3	9	7	5	8	2	6

Puzzle # 143

7	1	5	2	8	6	3	9	4
4	2	6	9	3	7	1	8	5
9	8	3	1	4	5	7	2	6
1	9	4	7	2	8	5	6	3
8	5	2	6	1	3	9	4	7
6	3	7	5	9	4	8	1	2
3	4	9	8	5	2	6	7	1
5	7	1	4	6	9	2	3	8
2	6	8	3	7	1	4	5	9

Puzzle # 144

1	6	8	4	5	9	2	7	3
5	7	4	2	3	8	9	1	6
9	3	2	7	6	1	8	4	5
7	4	6	9	2	5	3	8	1
8	1	3	6	4	7	5	9	2
2	5	9	1	8	3	4	6	7
6	2	7	3	9	4	1	5	8
3	9	5	8	1	6	7	2	4
4	8	1	5	7	2	6	3	9

Puzzle # 145

8	7	6	4	5	1	3	2	9
9	2	3	8	7	6	4	1	5
4	5	1	3	2	9	6	8	7
3	8	4	5	9	7	2	6	1
2	9	5	1	6	3	8	7	4
6	1	7	2	8	4	9	5	3
1	4	8	6	3	5	7	9	2
5	6	9	7	4	2	1	3	8
7	3	2	9	1	8	5	4	6

Puzzle # 146

3	1	4	6	8	7	5	2	9
9	2	5	3	1	4	7	6	8
6	8	7	9	5	2	3	4	1
8	4	9	2	3	5	6	1	7
7	6	2	1	9	8	4	5	3
5	3	1	4	7	6	9	8	2
4	9	8	7	6	1	2	3	5
2	5	3	8	4	9	1	7	6
1	7	6	5	2	3	8	9	4

Puzzle # 147

9	4	8	7	1	3	5	2	6
1	2	6	8	9	5	4	3	7
3	5	7	2	4	6	8	1	9
8	7	4	6	3	2	9	5	1
5	9	1	4	7	8	3	6	2
6	3	2	9	5	1	7	8	4
4	8	3	1	6	7	2	9	5
2	1	9	5	8	4	6	7	3
7	6	5	3	2	9	1	4	8

Puzzle # 148

8	9	2	5	6	3	4	7	1
3	4	7	1	2	9	5	8	6
5	6	1	8	4	7	2	9	3
4	1	5	9	8	2	6	3	7
7	2	8	6	3	5	1	4	9
9	3	6	4	7	1	8	2	5
2	8	3	7	5	6	9	1	4
6	7	9	2	1	4	3	5	8
1	5	4	3	9	8	7	6	2

Puzzle # 149

9	4	5	7	8	3	2	1	6
3	2	8	6	9	1	4	7	5
6	7	1	5	4	2	9	3	8
2	5	9	4	3	7	6	8	1
1	8	4	9	5	6	3	2	7
7	3	6	1	2	8	5	9	4
8	9	7	3	6	4	1	5	2
5	6	2	8	1	9	7	4	3
4	1	3	2	7	5	8	6	9

Puzzle # 150

8	1	6	2	9	3	4	5	7
5	4	7	6	8	1	3	9	2
2	3	9	4	7	5	1	8	6
9	2	3	1	5	6	8	7	4
1	5	4	7	3	8	2	6	9
7	6	8	9	2	4	5	1	3
4	9	2	8	1	7	6	3	5
3	7	1	5	6	2	9	4	8
6	8	5	3	4	9	7	2	1

Puzzle # 151

9	4	2	6	5	8	3	7	1
1	5	3	2	7	9	4	6	8
6	7	8	1	3	4	2	9	5
4	2	1	3	6	5	7	8	9
7	6	9	4	8	1	5	2	3
3	8	5	9	2	7	6	1	4
2	9	4	5	1	6	8	3	7
5	3	7	8	9	2	1	4	6
8	1	6	7	4	3	9	5	2

Puzzle # 152

9	5	8	6	4	1	3	7	2
7	2	6	8	5	3	9	4	1
4	1	3	9	7	2	8	6	5
5	3	9	1	8	4	6	2	7
8	6	4	7	2	9	1	5	3
1	7	2	5	3	6	4	8	9
2	4	1	3	6	5	7	9	8
3	8	5	4	9	7	2	1	6
6	9	7	2	1	8	5	3	4

Puzzle # 153

6	4	2	9	8	1	7	5	3
8	1	7	3	5	4	2	6	9
9	3	5	2	6	7	1	8	4
7	9	6	5	1	8	3	4	2
4	5	3	7	2	6	8	9	1
1	2	8	4	9	3	6	7	5
3	7	9	6	4	2	5	1	8
2	8	4	1	7	5	9	3	6
5	6	1	8	3	9	4	2	7

Puzzle # 154

9	8	6	5	4	1	2	3	7
2	7	3	8	6	9	5	4	1
5	4	1	2	7	3	9	8	6
8	9	7	3	5	6	1	2	4
6	1	4	9	8	2	7	5	3
3	2	5	4	1	7	8	6	9
7	6	8	1	2	4	3	9	5
4	5	9	7	3	8	6	1	2
1	3	2	6	9	5	4	7	8

Puzzle # 155

1	8	3	2	4	7	9	5	6
4	6	7	9	3	5	8	2	1
2	9	5	6	8	1	3	4	7
7	2	8	4	9	3	1	6	5
6	5	4	1	2	8	7	9	3
9	3	1	7	5	6	2	8	4
8	4	6	3	7	2	5	1	9
5	7	9	8	1	4	6	3	2
3	1	2	5	6	9	4	7	8

Puzzle # 156

5	8	7	2	3	6	4	1	9
4	1	2	9	8	5	3	6	7
3	6	9	1	7	4	2	8	5
9	3	1	8	2	7	6	5	4
2	5	8	4	6	9	7	3	1
7	4	6	5	1	3	8	9	2
8	7	4	6	5	1	9	2	3
1	2	3	7	9	8	5	4	6
6	9	5	3	4	2	1	7	8

Puzzle # 157

4	2	1	6	8	3	7	5	9
8	7	3	5	9	4	6	1	2
9	5	6	7	2	1	4	3	8
7	8	9	1	6	5	3	2	4
2	6	4	9	3	7	1	8	5
3	1	5	2	4	8	9	6	7
1	3	2	8	7	9	5	4	6
5	9	8	4	1	6	2	7	3
6	4	7	3	5	2	8	9	1

Puzzle # 158

8	2	7	3	6	9	4	5	1
3	1	6	5	4	8	2	7	9
5	9	4	1	2	7	6	8	3
6	7	2	9	8	3	5	1	4
9	5	3	4	1	2	8	6	7
4	8	1	6	7	5	9	3	2
2	4	5	8	3	1	7	9	6
7	3	8	2	9	6	1	4	5
1	6	9	7	5	4	3	2	8

Puzzle # 159

7	1	2	5	9	8	4	3	6
4	6	9	3	1	7	5	8	2
5	3	8	6	4	2	7	9	1
2	5	3	4	7	6	8	1	9
1	9	6	8	5	3	2	4	7
8	4	7	1	2	9	6	5	3
9	8	1	7	6	5	3	2	4
6	2	5	9	3	4	1	7	8
3	7	4	2	8	1	9	6	5

Puzzle # 160

6	4	5	3	8	2	7	9	1
8	7	9	5	1	4	2	6	3
2	1	3	7	6	9	4	8	5
1	6	4	8	7	5	9	3	2
9	2	8	4	3	1	6	5	7
5	3	7	9	2	6	1	4	8
7	5	1	6	4	8	3	2	9
4	9	2	1	5	3	8	7	6
3	8	6	2	9	7	5	1	4

Puzzle # 161

5	8	4	3	7	6	2	1	9
2	3	9	4	8	1	6	7	5
7	6	1	9	5	2	3	4	8
3	5	2	8	6	7	4	9	1
1	9	6	5	3	4	7	8	2
4	7	8	2	1	9	5	6	3
9	1	5	6	4	3	8	2	7
8	4	7	1	2	5	9	3	6
6	2	3	7	9	8	1	5	4

Puzzle # 162

8	6	9	4	1	7	3	5	2
3	4	1	9	5	2	6	8	7
5	2	7	3	6	8	4	9	1
7	8	6	5	3	4	2	1	9
2	1	3	8	9	6	5	7	4
9	5	4	2	7	1	8	6	3
4	7	5	1	8	3	9	2	6
1	3	8	6	2	9	7	4	5
6	9	2	7	4	5	1	3	8

Puzzle # 163

7	2	1	8	6	5	3	9	4
6	3	8	4	1	9	2	5	7
4	5	9	7	2	3	8	1	6
1	9	4	3	5	2	7	6	8
2	6	7	1	4	8	5	3	9
3	8	5	6	9	7	1	4	2
5	7	3	9	8	4	6	2	1
9	1	2	5	7	6	4	8	3
8	4	6	2	3	1	9	7	5

Puzzle # 164

9	7	1	4	3	5	6	8	2
8	6	3	7	2	1	4	5	9
4	2	5	9	8	6	1	7	3
1	8	2	6	5	4	9	3	7
6	3	9	1	7	8	5	2	4
7	5	4	3	9	2	8	6	1
5	9	7	8	4	3	2	1	6
2	4	6	5	1	7	3	9	8
3	1	8	2	6	9	7	4	5

Puzzle # 165

8	7	2	3	4	5	1	6	9
3	1	5	2	9	6	8	7	4
9	4	6	8	7	1	3	2	5
2	8	3	6	1	4	9	5	7
4	9	7	5	2	8	6	3	1
5	6	1	7	3	9	2	4	8
6	2	9	4	8	7	5	1	3
7	3	8	1	5	2	4	9	6
1	5	4	9	6	3	7	8	2

Puzzle # 166

9	7	3	4	5	8	6	1	2
2	5	1	6	9	7	4	3	8
8	6	4	1	2	3	9	5	7
3	8	6	7	4	1	2	9	5
1	9	5	8	6	2	3	7	4
4	2	7	9	3	5	1	8	6
7	3	9	2	8	6	5	4	1
6	4	8	5	1	9	7	2	3
5	1	2	3	7	4	8	6	9

Puzzle # 167

2	9	4	8	7	6	3	1	5
1	3	8	4	2	5	7	6	9
7	6	5	3	9	1	2	8	4
8	7	9	6	5	3	4	2	1
5	1	3	2	4	9	6	7	8
4	2	6	1	8	7	9	5	3
3	8	7	9	1	2	5	4	6
6	4	2	5	3	8	1	9	7
9	5	1	7	6	4	8	3	2

Puzzle # 168

5	4	9	7	2	6	3	1	8
6	8	3	1	5	9	7	4	2
7	2	1	4	8	3	6	9	5
3	6	4	9	1	5	8	2	7
2	7	5	6	4	8	9	3	1
1	9	8	3	7	2	4	5	6
4	5	6	8	9	1	2	7	3
9	3	2	5	6	7	1	8	4
8	1	7	2	3	4	5	6	9

Puzzle # 169

3	5	8	1	7	4	9	2	6
1	2	6	5	3	9	8	4	7
4	7	9	8	6	2	3	1	5
8	3	4	2	5	7	1	6	9
2	9	1	4	8	6	5	7	3
7	6	5	3	9	1	4	8	2
5	4	7	9	2	8	6	3	1
9	8	2	6	1	3	7	5	4
6	1	3	7	4	5	2	9	8

Puzzle # 170

8	4	3	9	7	2	6	1	5
1	2	7	6	5	4	3	8	9
9	5	6	8	1	3	4	7	2
2	7	1	4	8	5	9	6	3
3	8	4	7	9	6	5	2	1
5	6	9	3	2	1	7	4	8
4	9	2	5	6	8	1	3	7
7	3	8	1	4	9	2	5	6
6	1	5	2	3	7	8	9	4

Puzzle # 171

5	3	8	9	2	6	4	7	1
2	4	6	7	5	1	8	3	9
7	1	9	4	3	8	2	5	6
8	2	5	1	9	3	6	4	7
6	9	4	8	7	5	1	2	3
1	7	3	2	6	4	5	9	8
4	5	7	6	8	9	3	1	2
9	8	1	3	4	2	7	6	5
3	6	2	5	1	7	9	8	4

Puzzle # 172

2	1	4	8	7	5	9	3	6
9	3	8	6	4	1	7	5	2
7	6	5	9	3	2	8	4	1
5	8	9	3	2	6	4	1	7
4	2	1	5	8	7	3	6	9
6	7	3	4	1	9	2	8	5
3	9	6	2	5	8	1	7	4
8	5	7	1	9	4	6	2	3
1	4	2	7	6	3	5	9	8

Puzzle # 173

1	9	6	7	3	4	8	5	2
8	3	2	5	1	9	7	4	6
7	4	5	2	6	8	1	3	9
6	8	4	9	7	1	3	2	5
5	2	7	8	4	3	6	9	1
9	1	3	6	5	2	4	7	8
3	6	9	1	2	7	5	8	4
2	7	1	4	8	5	9	6	3
4	5	8	3	9	6	2	1	7

Puzzle # 174

2	4	5	9	8	6	3	7	1
9	6	1	2	7	3	4	5	8
8	3	7	5	1	4	9	6	2
6	5	2	1	4	9	7	8	3
1	8	4	6	3	7	5	2	9
7	9	3	8	2	5	6	1	4
3	2	6	4	5	8	1	9	7
4	1	9	7	6	2	8	3	5
5	7	8	3	9	1	2	4	6

Puzzle # 175

4	3	9	7	1	2	8	5	6
8	1	2	5	6	4	9	3	7
5	6	7	8	9	3	4	2	1
1	8	4	9	7	5	2	6	3
9	2	6	4	3	1	7	8	5
7	5	3	2	8	6	1	4	9
3	9	8	6	2	7	5	1	4
6	7	5	1	4	8	3	9	2
2	4	1	3	5	9	6	7	8

Puzzle # 176

6	3	2	5	8	9	7	1	4
9	4	1	3	2	7	6	8	5
7	8	5	4	1	6	3	2	9
1	7	4	9	3	5	8	6	2
8	9	3	6	7	2	4	5	1
2	5	6	1	4	8	9	3	7
3	1	8	2	9	4	5	7	6
4	6	7	8	5	1	2	9	3
5	2	9	7	6	3	1	4	8

Puzzle # 177

9	5	2	6	3	8	7	4	1
7	4	1	9	5	2	8	6	3
3	6	8	4	1	7	9	5	2
2	3	7	5	4	9	1	8	6
5	1	4	3	8	6	2	7	9
8	9	6	2	7	1	4	3	5
6	7	5	1	9	4	3	2	8
1	8	3	7	2	5	6	9	4
4	2	9	8	6	3	5	1	7

Puzzle # 178

1	8	3	7	6	9	4	2	5
5	7	2	8	1	4	9	6	3
4	6	9	2	5	3	1	8	7
8	2	7	6	9	5	3	4	1
3	4	5	1	8	7	6	9	2
9	1	6	3	4	2	7	5	8
6	3	4	5	2	1	8	7	9
2	9	1	4	7	8	5	3	6
7	5	8	9	3	6	2	1	4

Puzzle # 179

2	8	1	7	6	5	9	4	3
3	9	4	8	1	2	5	7	6
7	5	6	9	4	3	2	1	8
4	1	7	5	2	8	6	3	9
8	2	9	1	3	6	4	5	7
5	6	3	4	9	7	1	8	2
1	7	2	6	8	4	3	9	5
6	4	8	3	5	9	7	2	1
9	3	5	2	7	1	8	6	4

Puzzle # 180

2	5	7	4	1	6	8	9	3
9	8	4	5	3	7	1	2	6
6	3	1	8	2	9	4	7	5
5	1	9	3	6	2	7	4	8
4	6	2	7	5	8	9	3	1
8	7	3	9	4	1	5	6	2
7	2	8	6	9	5	3	1	4
1	4	5	2	7	3	6	8	9
3	9	6	1	8	4	2	5	7

Puzzle # 181

3	4	6	2	8	5	1	9	7
2	7	1	4	6	9	5	8	3
8	9	5	7	1	3	6	4	2
7	2	3	5	9	6	8	1	4
4	1	9	8	3	2	7	6	5
6	5	8	1	4	7	2	3	9
1	3	7	9	2	8	4	5	6
9	8	2	6	5	4	3	7	1
5	6	4	3	7	1	9	2	8

Puzzle # 182

6	2	4	9	1	5	8	7	3
5	1	3	8	7	2	4	6	9
7	9	8	6	4	3	1	5	2
9	5	2	1	6	4	7	3	8
3	8	1	7	5	9	6	2	4
4	6	7	3	2	8	9	1	5
1	3	5	4	8	6	2	9	7
8	7	9	2	3	1	5	4	6
2	4	6	5	9	7	3	8	1

Puzzle # 183

7	6	3	8	4	1	9	2	5
1	8	9	3	5	2	4	6	7
4	5	2	6	7	9	1	8	3
6	2	7	4	9	5	3	1	8
3	4	8	2	1	6	5	7	9
9	1	5	7	8	3	6	4	2
2	7	6	9	3	4	8	5	1
5	3	4	1	2	8	7	9	6
8	9	1	5	6	7	2	3	4

Puzzle # 184

8	3	6	9	7	2	4	5	1
5	7	9	4	1	3	8	6	2
2	1	4	5	8	6	9	3	7
3	6	1	7	4	5	2	8	9
9	2	5	1	6	8	7	4	3
7	4	8	2	3	9	6	1	5
1	8	2	6	5	7	3	9	4
4	9	3	8	2	1	5	7	6
6	5	7	3	9	4	1	2	8

Puzzle # 185

7	9	8	6	1	4	3	5	2
1	4	5	3	9	2	8	7	6
3	6	2	8	5	7	4	9	1
6	1	4	5	2	9	7	3	8
8	2	7	4	3	1	9	6	5
9	5	3	7	8	6	2	1	4
5	7	1	2	4	3	6	8	9
4	8	6	9	7	5	1	2	3
2	3	9	1	6	8	5	4	7

Puzzle # 186

1	2	8	7	9	3	6	4	5
4	6	5	8	1	2	7	9	3
9	3	7	6	5	4	8	1	2
2	8	6	1	7	5	4	3	9
7	9	4	2	3	6	5	8	1
3	5	1	9	4	8	2	7	6
8	1	2	4	6	9	3	5	7
6	7	3	5	8	1	9	2	4
5	4	9	3	2	7	1	6	8

Puzzle # 187

2	3	6	7	5	1	8	4	9
9	7	1	4	6	8	3	2	5
8	4	5	9	2	3	6	1	7
4	5	2	8	7	6	9	3	1
6	9	3	5	1	4	7	8	2
1	8	7	3	9	2	4	5	6
5	1	8	6	4	9	2	7	3
3	2	9	1	8	7	5	6	4
7	6	4	2	3	5	1	9	8

Puzzle # 188

7	4	5	9	1	3	6	2	8
6	8	2	5	4	7	9	3	1
9	1	3	2	8	6	5	7	4
4	2	8	1	7	5	3	6	9
1	9	6	3	2	8	4	5	7
3	5	7	4	6	9	1	8	2
2	6	1	7	3	4	8	9	5
8	7	9	6	5	1	2	4	3
5	3	4	8	9	2	7	1	6

Puzzle # 189

8	6	3	9	7	2	4	1	5
9	7	4	1	6	5	2	8	3
5	1	2	3	4	8	7	6	9
3	9	1	7	8	4	6	5	2
4	8	6	2	5	3	9	7	1
2	5	7	6	9	1	3	4	8
6	2	8	4	1	9	5	3	7
7	3	5	8	2	6	1	9	4
1	4	9	5	3	7	8	2	6

Puzzle # 190

9	5	6	1	8	7	3	4	2
8	3	2	5	9	4	6	7	1
1	7	4	3	2	6	8	9	5
3	1	9	6	4	5	7	2	8
2	4	5	7	1	8	9	6	3
7	6	8	9	3	2	1	5	4
4	9	7	8	5	1	2	3	6
6	2	1	4	7	3	5	8	9
5	8	3	2	6	9	4	1	7

Puzzle # 191

2	3	8	5	6	4	7	9	1
6	9	1	7	8	2	3	4	5
5	4	7	3	9	1	2	8	6
3	2	5	8	7	6	9	1	4
1	6	4	9	2	3	5	7	8
8	7	9	1	4	5	6	2	3
9	5	2	4	3	8	1	6	7
4	1	6	2	5	7	8	3	9
7	8	3	6	1	9	4	5	2

Puzzle # 192

8	1	6	4	9	3	2	5	7
7	2	3	6	5	8	1	4	9
5	9	4	2	7	1	6	8	3
1	3	8	5	4	9	7	6	2
6	4	2	8	3	7	9	1	5
9	7	5	1	6	2	4	3	8
2	5	1	9	8	4	3	7	6
4	8	7	3	2	6	5	9	1
3	6	9	7	1	5	8	2	4

Puzzle # 193

6	8	7	2	9	5	1	3	4
3	9	2	4	1	7	8	5	6
1	5	4	6	8	3	7	9	2
2	4	9	3	6	8	5	7	1
7	6	8	1	5	9	4	2	3
5	3	1	7	2	4	9	6	8
8	2	5	9	4	6	3	1	7
4	1	3	5	7	2	6	8	9
9	7	6	8	3	1	2	4	5

Puzzle # 194

4	3	6	5	9	1	8	2	7
2	1	9	3	8	7	4	6	5
5	7	8	2	4	6	1	9	3
1	9	2	7	6	4	3	5	8
8	4	3	1	2	5	6	7	9
6	5	7	8	3	9	2	4	1
3	2	5	6	7	8	9	1	4
9	8	1	4	5	2	7	3	6
7	6	4	9	1	3	5	8	2

Puzzle # 195

8	9	6	2	5	3	7	1	4
5	2	1	7	8	4	9	6	3
3	4	7	1	6	9	5	2	8
9	6	4	8	3	1	2	5	7
2	1	8	5	4	7	6	3	9
7	5	3	9	2	6	4	8	1
6	7	9	3	1	5	8	4	2
4	3	2	6	7	8	1	9	5
1	8	5	4	9	2	3	7	6

Puzzle # 196

2	8	4	6	1	9	3	5	7
1	6	5	4	7	3	2	8	9
3	9	7	5	2	8	6	4	1
9	3	8	1	6	5	4	7	2
4	5	1	2	8	7	9	6	3
6	7	2	3	9	4	5	1	8
7	1	3	9	4	6	8	2	5
5	2	6	8	3	1	7	9	4
8	4	9	7	5	2	1	3	6

Puzzle # 197

9	5	6	2	7	1	4	3	8
2	1	4	6	3	8	9	5	7
8	7	3	9	4	5	2	6	1
1	8	5	7	2	9	6	4	3
7	6	2	3	8	4	5	1	9
3	4	9	1	5	6	8	7	2
4	2	7	5	9	3	1	8	6
6	9	8	4	1	7	3	2	5
5	3	1	8	6	2	7	9	4

Puzzle # 198

3	2	5	4	1	7	6	8	9
6	8	7	9	3	2	4	5	1
4	1	9	6	8	5	7	3	2
5	7	6	2	9	4	8	1	3
8	9	4	3	6	1	5	2	7
2	3	1	7	5	8	9	6	4
7	4	8	1	2	6	3	9	5
1	6	3	5	4	9	2	7	8
9	5	2	8	7	3	1	4	6

Puzzle # 199

6	2	3	9	1	8	4	5	7
4	9	8	6	5	7	3	2	1
5	1	7	3	4	2	6	8	9
8	5	1	7	2	6	9	3	4
7	3	4	8	9	5	1	6	2
9	6	2	4	3	1	5	7	8
2	4	5	1	7	3	8	9	6
3	8	9	2	6	4	7	1	5
1	7	6	5	8	9	2	4	3

Puzzle # 200

4	3	8	1	6	2	7	9	5
5	1	7	9	4	8	3	2	6
2	9	6	3	7	5	8	1	4
1	7	2	8	9	4	6	5	3
3	4	5	6	2	1	9	8	7
8	6	9	5	3	7	1	4	2
6	8	4	2	1	3	5	7	9
7	5	3	4	8	9	2	6	1
9	2	1	7	5	6	4	3	8

www.ingramcontent.com/pod-product-compliance
Lightning Source LLC
Chambersburg PA
CBHW060411220526
45465CB00008B/2836
9798603169088